誰かに話したくなる!
地球の
ふしぎ大全
荒舩良孝＝著

JN209106

はじめに

子どもの頃、私は、友だちや知り合いから、「何でそんなことを知っているの?」とよく言われていました。それらの知識は、テレビやマンガなどから仕入れていたもので、特に一生懸命覚えようとしたものではありませんでした。私としては、何となく頭の中に残っていたちょっとしたことを口にしただけだったのですが、「へぇ」と感心されたり、そこから話が広がっていくのが何となくおもしろかったことを、今でも覚えています。

私たちの身のまわりにあるものは、当たり前のように思えるものでも、科学的な知識や法則に裏打ちされているものがたくさんあります。ふだんよく目にしているものでも、その裏側にあるしくみや原理を知っただけで、同じものを見ていても、まったく違うものに見えるはずです。

この本は、地球上のビックリするような現象や宇宙の謎といったスケールの大きなことから、私たちの体についての謎や、料理の不思議まで様々な「なぜ」を集めています。広い世界の中のほんの一部分だけを切り取ったささやかな本ですが、専門的な知識がなくても、その裏に隠れたちょっとしたしくみや原理がわかるように書いてみました。あまりかしこまらずに、何となくそんなものかなと気軽に読んでみてください。そして、何かの拍子に思い出したり、知り合いの人に話してもらえたら、それだけで世界が広がるのではないかと思います。

この本の中から少しでも興味が湧いたものがあって、もっとよく知りたいと感じるものがあったら、ぜひ、他の本などを使って詳しく調べてみてください。そこには新しい発見があるはずです。世界は驚きに満ちています。皆さんの好奇心を少しでも刺激して、新しい世界を知るお手伝いができたら、これほどうれしいことはありません。どうぞ、お楽しみください。

荒船良孝

1章 世界の神秘がわかる！「気候・天気・地球」のふしぎ

3章 驚異的な生態がわかる！「動物」のふしぎ

4章 実はよく知らない！「ニュース・新技術」のふしぎ

5章 自分の体内に潜む小宇宙！「人間のカラダ」のふしぎ

6章 密かにすごすぎる！「植物」のふしぎ

7章 身近なアイテムが超高性能！「日常生活」のふしぎ

WONDERS OF EARTH | CHAPTER 1

1章

世界の神秘がわかる！

「気候・天気・地球」のふしぎ

瞬間風速103m／sの山がある！

アメリカ東北部のニューハンプシャー州には、標高1917mのワシントン山がある。実は、この山はとても危険な山の1つとして知られている。高さだけを見ればそれほど高い山でもないので、危険を感じる要素は少ないと思うだろう。

だが、この山が危険なのは、強い風なのだ。

この山は1934年9月12日に最大瞬間風速103・3m／sというとてつもない強風を記録している。日本で記録した最大瞬間風速は1966年9月25日に記録した91・0m／s。これは台風26号がやってきたときに、富士山頂で観測されたものだ。

風は空気の流れによるものなので、瞬間瞬間で、強弱が変化する。強い風が吹いているときでも、時間によって風の強さが変わるのだ。

日本の場合、最大風速は10分間の風の変化の平均を取り、最大瞬間風速は一瞬の風の強さを測っている。だから、最大瞬間風速は平均の最大風速よりも、1・5倍くらいの大きさになることが多いといわれている。

また、アメリカは平均の最大風速を1分間の平均で出すので、日本よりもアメリカの方が平均の最大風速は大きくなりやすい。

ちなみに、気象庁が発表している風の強さの目安では、平均風速が25m／s以上になると、人が屋外で行動することが極めて危険で、走行中のトラックが横転してしまうという。そして、35m／s以上の風で多くの街路樹が倒れ、電柱や街灯で倒れるものも出てくるようになり、40m／s以上で住家が倒壊したり、鉄筋構造物で変形するものもあるという。

最大瞬間風速103・3m／sは平均風速で考えると70m／sほどになる。気象庁の目安は40m／s以上の風は掲載されていないので、この大きさがふつうの状態では起こりえないほどの大きさであることがうかがえる。

ワシントン山は現在でも、特に冬になると強風が吹き、看板や街灯などに氷の塊が吹きつけられ、巨大なオブジェのようになってしまうという。

地球はいずれ砂漠の星になる？

乾燥しているために植物をあまり見ることのできない地域を砂漠という。世界で一番危険な砂漠地帯は、エチオピアのダナキル砂漠だ。ここは夏になると日中の気温が50度を超えてしまうほど過酷な場所だ。さらに、この砂漠の近くにはエチオピアで一番活発な火山であるエルタ・アレがある。

エルタ・アレには世界でも珍しい溶岩湖があり、いつ大きな噴火を起こしてもおかしくはないとされている。そのため、ダナキル砂漠の地下からは火山性の有毒物質をたくさん含んだガスや温泉が噴出しており、世界で一番過酷な砂漠といわれている。

砂漠という言葉からは「灼熱」といったイメージが浮かぶ人も多いだろう。確かに、ダナキル砂漠のように日中は50度を超えてしまう砂漠は世界中にいくつもある。しかし、緯度が高い場所や高い山の上のわりと涼しい場所にも砂漠は存在する。

砂漠は、そのでき方によって、大きく3種類に分けられる。1つ目は、サハラ砂漠、アラビア砂漠に代表される亜熱帯性砂漠。これは、赤道付近の上昇気流によって乾燥した空気が下降する地域にあるために、熱くて乾いた空気しかやってこなくて乾燥してしまった。

2つ目は冷たい海沿いの砂漠。寒流によって冷やされた空気が陸地にやってくることで、雨がほとんど降らない気候になり、乾燥したもの。代表例がアタカマ砂漠、ナミブ砂漠などである。

3つ目は、雨陰砂漠。これは大きな山脈を越えて乾いた風がやってくるために大地が乾燥して砂漠となったもので、タクラマカン砂漠などがこれにあたる。

砂漠には生物が生きていくために必要な水が少ないために、とても過酷な環境だ。砂漠のような乾燥地帯では、蒸発して失っていく水分の方が、年間の降雨量よりも多いことがよくある。砂漠に暮らす生き物は、水分や栄養分を蓄えたり、気温の下がる夜に活動したりと、厳しい環境に適応しながら生きている。

しかし、ここ十数年の間に、人間の活動や地球環境の変化によって砂漠化がどんどん進んでいる。国連の調査によると、**毎年6万平方㎞と、四国の3・2倍にあたる土地が砂漠化しているという**。このままのペースで砂漠化が進むと、将来的には地球上のすべての土地が砂漠化してしまう危険性もあるのだ。

たった1時間で死に至る湖がある！

皆さんは、湖と聞くとどんなイメージをもっているだろうか。さわやかで清々しいイメージだろうか。それとも、森の中で神秘的な感じだろうか。湖は海とは違い、穏やかで安らぎを与えてくれるような存在なのではないだろうか。しかし、世界には命の危険にさらされてしまう湖もあるという。

例えば、ロシアの南西部、カザフスタンとの国境近くにあるカラチャイ湖がそうだ。この湖の近くにはかつてマヤーク核技術施設があり、ソ連時代の1950年代に核弾頭に使用するための核物質を工業生産していた。その頃のソ連では放射能や核物質の危険性が低く考えられていたため、放射性廃棄物の扱いは現在のように厳密ではなかった。そのため、近くにあった川やカラチャイ湖にそのまま流されていたという。

だが、自然環境に流された放射性廃棄物の影響により、当然のように周辺の住民に健康被害が出てしまった。そこで、放射性廃棄物をタンクに貯蔵するように変更された。

しかし、1957年に、この貯蔵タンクが故障して爆発してしまい、大量の放射性物質が大気中にばらまかれるという大惨事が発生した。その影響で**カラチャイ湖は現在でも、被爆すれば99％死亡するといわれる1時間あたり6000ミリシーベルトもの放射線を放出するといわれている**。

ソ連はこの事故を隠し続けて、地域の住民に放射性物質による汚染が正式に伝えられたのはソ連が崩壊し、ロシア政府が発足した後の1992年になってからだという。そのため、たくさんの住民が被害を受けることになってしまった。

地球上には最低気温氷点下93・2度の世界がある！

昔の有名なテレビコマーシャルに、バナナで釘が打てるというものがあったが、気温が低い世界では、ときに私たちの想像を絶することが起こる。日本は温暖な気候だといわれているが、北海道では毎年のように最低気温が氷点下30度を下回る日がある。氷点下30度の世界では、バナナで釘が打てるようになるのはもちろん、肌に痛みを感じてしまったり、シャボン玉が凍ってしまったりする。

ちなみに、日本国内で、これまで観測された中で一番低い気温は１９０２年1月25日に北海道の旭川で記録された氷点下41・0度である。

だが、これで驚いてはいけない。地球にはこれ以上に寒い場所がある。地球上で一番低い気温の記録をもっているのは、南極大陸だ。２０１０年8月10日に南極の東南極高原で気温が氷点下93・２度に下がったという。もちろん、この記録は現地に人が行って測ったわけではない。人工衛星からの観測データによって明らかになった。

私たちが呼吸によって吐き出す二酸化炭素は氷点下78・5度で固体のドライアイスになってしまうので、このときの東南極高原の気体の中には二酸化炭素は含まれずに凍っていたことになる。もし、このとき人間がいたら、**呼吸をするだけでも痛みを感じるほどで、場合によってはのどや肺が凍ってしまい、死に至る可能性もある。**人間はとても生きていけないような過酷な環境である。

過去の登山隊がすべて失敗という前人未踏の山がある！

人はなぜ山に登るのだろうか。エベレスト登山に挑んだイギリスの登山家ジョージ・マロリーが「そこにエベレストがあるから」と言ったように、山があるから登りたいというのが多くの人が感じる素直な気持ちなのだろう。

そして、人類は世界中にある数々の山に登り、その頂を制覇してきた。だが、地球上にはたくさんの山がある。その中にはまだ人類がたどり着いていない未踏峰が存在する。

その代表格が、中国雲南省のデチェンチベット族自治州にある梅里雪山という連山だ。最高峰は標高6740mのカワカブで、以下、チョタマ、スグドン、コワテニーなど、6000m級の山が連なっている。**これらの山はチベット仏教では神聖な場所で数百年前から巡礼登山が行われているが、目指すのは中腹につくられたお寺までで、頂に立とうという発想はなかった。**

だが、1902年ごろから、アメリカ、イギリス、日本などの登山隊が山頂まで目指すようになった。しかし、険しい地形や厳しい気候に阻まれ、未だに成功していない。
その中でも1991年1月には、日本人11名、中国人6名で構成される日中合同の登山隊が雪崩により、全員遭難するという大惨事が起こってしまった。麓の人たちは、登山隊を聖なる山を汚すものと見ることも多い。これらの山々は人間が入ってはいけない神の領域なのかもしれない。

46億年前は1日5時間だった？

仕事や勉強があまりにも忙しすぎて、「1日が25時間あったらな」とか、「なんで1日は24時間しかないんだ」と思う人は多いことだろう。でも、誕生したばかりの地球は、1日の長さがもっと短く、何と5時間しかなかったという。

1日の長さは地球の自転速度で決まっている。46億年前に地球が誕生したときは、地球の自転がもっと速かったのだ。しかし、なぜ、地球の自転は遅くなってしまったのだろう。その秘密は地球と月の距離にあった。

46億年前は地球の自転が速いだけでなく、月も地球の近くにあった。現在、月は地球から約38万km先に位置しているが、誕生したばかりの頃は地球から約4万kmと現在の10分の1の距離にいた。

地球と月の間には引力が働いている。その結果、月は地球の周りをグルグルと回っている。結果だけを示すと、地球が一方的に月を引っぱっているように見えるが、月も地球を引っぱっている。海の水が満ち引きするのは、月によって海水や地球が引っぱられている証拠だ。

月が地球を引っぱることで、地球の自転にブレーキをかける効果が生まれ、地球の自転がだんだんと遅くなっていった。同時に、月が地球の周りを回る公転速度は速くなり、だんだんと地球から遠ざかっていき、今の位置まで移動したのだ。

月は現在でも、1年に3・8㎝ずつ地球から離れている。同時に地球の自転は100年で1000分の1秒ほどのペースで遅くなっている。このペースでいけば、1億8000万年後に地球の1日は25時間になるという。

地球の97％は摂氏1000度以上！

地球には、赤道付近の温暖な土地から南極のように1年中氷に閉ざされている場所まで、様々な気候がある。南極では東南極高原でマイナス93・2度という最低気温の世界記録があり、アメリカ・カリフォルニア州のデスバレーでは最高気温が56・7度に達したことがある。地球の表面の気温はこの範囲で変化していて、平均気温を算出すると、だいたい摂氏10度くらいになる。そして、私たちの体を支えている地面はゴツゴツした冷たい石でできていて、だいたい気温と同じような温度になっている。

このようなイメージがあるので、私たちは地球がとても冷たい惑星であると思いがちだ。でも、地球の97%以上の場所は摂氏1000度以上の高温になっている。とても信じられないと思う人には、地面を掘ってみることをお勧めする。**1㎞も掘ればすぐに摂氏50度に達してしまうのだ。**

地球は表面だけを見ればとても冷たい惑星に見えるが、温度が低い地殻の部分は地下50〜60㎞まで。それより深いところは上部マントル、下部マントル、外核でできており、中心部分には摂氏6500度にも達する金属の内核がある。地球は半径6378㎞で、200㎞以上深い場所は摂氏1000度以上になっている。この情報をもとに計算していくと、地球は、97%近くは摂氏1000度というとても熱い惑星なのである。

日本にも氷河があった？

氷は固体なので動かないイメージが強いが、地球上には、重力や氷自身の重さによって絶えず動いている氷も存在する。それが氷河だ。

氷河は山岳地帯や寒冷地域の大陸にできる。降り積もった雪が押し固められてできた氷が流れるように動くことが大きな特徴だ。氷河は地球上の陸地の11％を覆い、地球の気候にも大きな影響を与えている。

地球上で一番大きな氷河は南極大陸全体を覆っている氷床である。南極大陸の氷はまったく動いていないように見えるが、氷自身の重さによって内陸部から海岸方向に向かって動いている。また、山岳地帯ではヨーロッパのアルプスやアジアのヒマラヤなどで見ることができる。

氷河というと、とても寒いところで見られるものというイメージが強いが、実は日本でも氷河が発見されている。それも、北海道や富士山ではなく、富山県の立山連峰にあったのだ。**2012年4月、日本氷雪学会が、立山連峰の雄山にある御前沢（ごぜんざわ）雪渓、剱岳にある三の窓雪渓と小窓雪渓がそれぞれ氷河であることを認定した。**立山連峰には夏でも解けない大量の万年雪が、険しい山の斜面に積もっている。斜面が険しいために雪の下にできた氷が動きやすく氷河ができやすい環境になっている。

しかも、この氷河は極東アジアの中では一番南に位置し、規模も小さいので、気候変動の影響を受けやすい。実際、ヒマラヤの氷河も気候変動を受けて年々後退しているという観測結果もある。

立山連峰の3つの氷河を継続して観測したら、温暖化が進んでいるかどうかを知るいいバロメーターになるかもしれない。

北極よりも南極の方が寒い！

地球上は赤道付近よりも、緯度が高い極地方の方が寒い。でも、同じ極地方でも、北極と南極では大きな違いがある。何と、北極よりも南極の方が寒いのだ。

例えば、北緯78度55分に位置するスピッツベルゲン島のニーオルスン観測基地は、平均気温がマイナス6・2度、最低気温はマイナス42・2度であるのに対し、南緯77度の場所にある南極のドームふじ基地では平均気温がマイナス54・4度、最低気温はマイナス79・7度となっている。緯度としてはどちらも同じくらいの場所にあるのに、なぜ、こうも差がついてしまうのだろうか。

その理由は、氷の下の部分にある。北極は海面に氷が浮かんでいるのに対し、南極は大陸の上に雪が降り積もり、氷床ができているのだ。**大陸になっ**

ている分だけ、南極の方が冷えやすい構造になっている。

しかも、南極大陸は標高が高い。岩盤自体の平均の標高は15mと、海面から出るか、出ないかくらいしかないが、その上に、平均して2450mの厚さの氷床が乗っかっている。

ちなみに、最初に紹介した北極のニーオルスン観測基地は標高8mであるのに対し、南極のドームふじ基地は標高3810mと富士山よりも高い場所にある。南極は平地のイメージが強いと思うが、氷床も含めた平均の標高は2290mと、人によっては高山病にかかってしまうかもしれないくらいの高地なのだ。つまり、氷の下に岩盤があり、標高の高い南極の方が北極よりも寒くなる条件がそろっているといえる。

オーロラは太陽からの贈り物？

北極や南極の近くでは、夜空に緑色や赤色の光がカーテンのようにたなびく幻想的な風景を見ることができる。そう、オーロラだ。オーロラは地球の上空にできるので、地球だけで発生させているように見える。でも実はそうではない。オーロラは太陽が存在することで初めて発生する。いったいどういうことなのだろうか。

オーロラは、プラスやマイナスの電気をもったプラズマという粒子が地球の大気にぶつかることで起こる現象だ。このプラズマがどこからやってきたのかというと、太陽なのだ。太陽は周りの宇宙空間に光や熱を放出しているが、それだけではなくプラズマ粒子も放出している。このプラズマ粒子を太陽風という。

太陽風が地球の近くまでやってくると、地球の磁場の影響で進路を変えて遠くへ飛んでいってしまう。ちょうど、地球の磁場が太陽風から地球を守る盾の役割をしているのだ。そのとき、太陽風のプラズマ粒子の一部が、太陽と反対側に広がっているプラズマシートという部分に取りこまれていく。

このプラズマシートにプラズマ粒子がある程度溜まってくると、磁力線に沿って北極や南極の近くの上空まで移動していく。そして、磁力線と空気がぶつかるところでオーロラができる。これは砂鉄が磁力線に沿って模様を描き出すのとよく似ている。そのため、オーロラは、太陽風から地球を守ってくれる磁力線を私たちの目に見える形にしてくれるものであるともいえる。

ふだんは、北極や南極に近い場所でしか目にすることはできないが、太陽の活動が活発になって、

大規模なフレアが起こると北海道などでも目にすることができる。

最近では、国際宇宙ステーションから見たオーロラの美しい画像が、インターネットでも公開され、話題になっている。

アマゾン川はどんどん長くなっている？

アフリカ大陸の東北部を流れるナイル川は、全長6695㎞と世界で一番長い川として有名だ。2位は南米のアマゾン川で、全長6516㎞と、180㎞ほどの差がついている。川の長さは本流の長さだけでなく、支流の長さもあわせた長さで比べられている。そのため、ナイル川もアマゾン川も、**新しい支流や源流が発見されるたびに、その長さを伸ばしてきた**。

しかし、最近では、アマゾン川の方が長いのではないかといわれている。アマゾン川は支流の数が多く、その流れも複雑だ。最近になって新たな源流が見つかり、ナイル川を抜いたというのだ。衛星写真や源流調査などでも、アマゾン川が長くなったという証拠が出てきているという。これらの証拠が正式に認められれば、アマゾン川が長さ世界一の川となるだろう。

ちなみに、アマゾン川は流域面積７０５万平方km、平均流量22万２４４０立方ｍ／秒と、共に世界一である。

雲は気体ではなく水と氷だった！

散歩などをしていると、ふと空を見上げることもあるだろう。そのとき雲が目に入ってくることがよくある。よく考えると、雲は不思議なもので、刻一刻と姿を変えていく。空に浮かんでいて、フワフワしているようなイメージなので、気体のように思う人もたくさんいると思うが、実は**雲の正体は水や**

氷の粒なのだ。そもそも、気体は目に見えない。私たちの目に白く見える雲は、水蒸気が冷やされて水や氷の粒に変化した姿である。

お湯を沸かすと、水が沸騰して水蒸気になる。私たちはそのときに発生する湯気を水蒸気だと勘違いしているが、実は湯気は水蒸気が冷やされて水の粒になったものだ。実際、やかんの口先の部分から水蒸気が発生しているが、その後にすぐに冷やされて、一時的に水滴になって湯気ができる。その湯気が空気の中に拡散していき、再び水蒸気に戻るのだ。

試しにお湯を沸かしているやかんをよく見てみよう。湯気はやかんの口から少し離れた場所から出ているはずだ。やかんの口から湯気が出始める場所までのほんの少しの場所が、水蒸気が飛んでいる部分である。

南半球では熱帯低気圧の渦の巻き方が逆！

日本人にとって、台風の接近は重大な関心事になる。大きな台風が上陸すると大きな被害がもたらされるからだ。

台風というのは、北西太平洋や南シナ海で発生する熱帯低気圧のうち、最大風速が約17m／sを超えたもののことをいう。台風は、1年間で平均25・6個発生する。日本では夏から秋にかけて台風が近づくことが多いので、その季節にしか発生しないイメージがある。だが、数が少なく日本に接近することはないが、冬でも台風は発生している。

同じ熱帯低気圧でも、北大西洋、カリブ海、メキシコ湾、北東太平洋で発生し、最大風速が約33m／sを超えたものをハリケーン、北インド洋や南半球の海などで発生して最大風速が約17m／s以上になったものをサイクロンという。

日本の近くで発生する台風は左に回転するように渦を巻きながら、日本に近づいてくる。しかし、南半球で発生するサイクロンは渦の巻き方が逆の右回転になる。この違いは、地球の自転が大きく関係しているのだ。

地球は北半球から見ると左回りに回転している。このように回転している場所で真っ直ぐ歩こうとしても、自然と右側にそれてしまう。台風も北半球では自転の影響で右へそれようとする。その影響で左回転しながら空気を巻き込んでいくので、左回りになっていく。南半球では地球は右回りに回転しているように見えるので、熱帯低気圧の渦の巻き方は北半球とは逆の右回りになる。

ちなみに、**台風は赤道を挟んで南緯5度から北**

緯5度までの範囲ではほとんど発生しない。赤道直下では風は西から東に移動するだけで垂直方向に回転することがほとんどないので、台風が発生しにくいのだ。

竜巻とつむじ風はまったく別物！

最近では、日本でも竜巻の被害の話をよく聞くようになった。

２０１３年９月15日から16日にかけては、台風18号の上陸とあわせて、和歌山県、三重県、埼玉県、群馬県、栃木県などで相次いで竜巻が発生した。竜巻は、地上で発生する空気の激しい渦のことをいう。

竜巻が起こる場所には必ず積乱雲ができ、上昇気流が発生している。地上付近で起きた空気の回転運動が、この上昇気流に乗って引き伸ばされていき、渦状の竜巻へと成長していく。

竜巻に似ているもので、晴れた日に地面が温められることによって発生する塵旋風（じんせんぷう）がある。いわゆるつむじ風だ。動画投稿サイトなどを見ると、学校の校庭で発生するつむじ風の様子を撮影したものを見ることができる。

つむじ風も渦を描くように発生するので、竜巻とよくまちがえられるが、最大の特徴は雲がないということだ。**竜巻は積乱雲があるところで発生するのに対し、つむじ風はどんなに大きくなっても雲のない、晴れた場所で発生するのだ。**

南極に湖があるってホント？

雪と氷の世界の南極。岩盤の上には平均して2450mもの厚さの氷の塊が乗っている。その氷の下にはどのような世界が広がっているのだろうか。

実は、**南極の氷の下には、400以上の湖が存在する。**

南極は今から3000万年ほど前から氷が広がるようになったが、それより前の南極の地には湖があった。そして、氷で覆われた後も、湖そのものは凍らずに残っているという。それだけでなく、湖同士をつなぐ水路も存在するようで、南極の氷の下には、知られざるウォーター・ワールドが展開しているかもしれない。

南極の氷の下にある湖の中で一番大きなものが、ボストーク湖だ。この湖は琵琶湖の約23倍の面積を誇り、貯水量は世界中の淡水湖の中で5番目に位置すると見積もられている。南極の氷の表面からボストーク湖の湖面までは4000mもの距離があるという。

氷の下に広がる湖は、数千万年の間、外の世界とはまったく交流がなかった。そのため、これらの湖には他の場所とはまったく違う生態系が展開されているのではないかと期待されている。

それを確かめようとロシアの研究チームが氷に穴を開けてボストーク湖の様子を調べようとした。2012年に1度氷が貫通したが、湖の水が400mほど穴の中を上ってしまったために、穴は氷の栓がされた状態になってしまった。この調査は、湖の生態系に悪影響を及ぼしてしまうのではないかという批判もある。

しかし、研究チームは環境にあまり影響を与えないように再び穴を開けて、ボストーク湖の調査に乗り出す予定だ。ボストーク湖から今まで知られていない新たな生物が発見されるのか、楽しみだ。

北極の氷は年々小さくなっている？

地球の平均気温はこの100年の間に、0・69度上昇している。しかも、最近の30年のそれぞれの10年間の平均気温は、1850年以降のどの10年間の平均気温よりも高かった。気候変動に関する政府間パネル（IPCC）がまとめた最新の報告書でも、地球温暖化は疑う余地がなく進行しており、主な原因は人間活動の影響による可能性が極めて高いとまとめられている。

ここ十数年の間に、世界で起こる異常気象も地球温暖化が原因だという説が有力である。そして、温暖化の影響がとても敏感に現れるといわれる場所が北極圏だ。

氷の世界である北極圏は、気温の上昇によって氷がすぐに解けてしまう。永久凍土の温度が上昇傾向にあることに加え、2012年7月にはグリーンランドにある氷床の表面が全面的に解けてしまうという現象も起きている。

さらに、北極の氷も夏場の最小面積が小さくなる傾向が見られている。北極の氷は1年中同じ面積ではなく、季節によって面積が変わる。気温が高くなる夏に解けていき、毎年9月半ばに最小面積になる。そして、気温が下がってくると凍る面積が増えていくというサイクルを繰り返す。

2002年から、北極の氷の面積の変化を人工衛星が監視している。この観測では、2005年9月に約530万平方㎞、2007年9月24日に425万5000平方㎞と、最小面積の記録が更新されてきた。

そして、2012年8月24日に421万平方km が記録されてしまった。これは、ただ最小面積を更新しただけなく、これまでよりも更新した時期が1か月も早いことがとても衝撃的だった。この年は**北極の氷はその後も解け続け、9月16日には観測史上最小記録となる349万平方kmにまで小さくなってしまった**。

2013年と2014年はここまで極端な現象は見られなかったが、長期的な視点では北極の氷の減少傾向は続いている。

世界の活火山の7％が日本に集中している！

世界の観光名所の中には火山がたくさんある。ふだんは火山があることで土壌が豊かになったり、温泉が湧いたり、おいしい食べ物が実ったりと、たくさんの恵みを人間に与えてくれるが、ひとたび噴火を起こすと大きな被害がもたらされてしまう。

気象庁の分類によると、鹿児島県の桜島のように、火山活動が活発に起こる火山だけでなく、過去1万年以内に噴火したことがある火山は活火山になる。ここ最近は火山活動がまったくなくとも、数千年前に噴火をしていたら、立派な活火山である。**世界には1548個の活火山があるが、そのうちの約7%にあたる110個が日本に集中している。**地図を見ると、日本列島の至るところに火山があるのがわかる。日本の中で火山がないのは近畿や四国くらいだ。日本は世界の中でも有数の火山大国なのだ。

地中のマグマはなくなってしまうことはないの？

火山が発生するのは、地殻の中にマグマ溜まりができるからだ。そこに溜まっていたマグマが地表に吹き出すことで噴火が起こる。ちなみに、マグマは噴火して地表を流れ出すと溶岩と呼ばれるようになる。マグマと溶岩は存在する場所が違うだけで、基本的な構成要素はほぼ同じである。

火山がたくさん噴火すれば、いつかはマグマもなくなってしまうのではないかと疑問をもつ人もいるだろう。1つの火山に着目すれば、その火山の活動源となったマグマ溜まりの中のマグマがなくなってしまうことは実際にある。

しかし、地球全体で見れば、マグマがなくなってしまうことは、ほとんど考えられない。なぜなら、マグマの源は、地球全体といってもいいからだ。

地球は外側から、地殻、マントル、核の3層構造になっている。地殻は地球の表面の6~50㎞ほどを覆っているだけだが、その下にあるマントルは深さ2900㎞まで続いている。このマントルが溶けて地殻にまで上昇してきたものがマグマだ。

地球上でマグマができる場所は限られている。1つ目は海洋プレートがつくられる海嶺（かいれい）という場所。この部分では吹き出したマグマが冷やされて海洋プレートになる。

2つ目は、海洋プレートが大陸プレートの下に潜って沈んでいく沈みこみ帯という場所。ここでは海洋プレートと一緒に海水も沈みこむことで低い温度でもマントルが溶けてマグマができるという。日本に火山がたくさんあるのは、沈みこみ帯の近くで、マグマがつくられやすい環境にあるからだ。

そして3つ目がプレートの動きとは関係なく、マントルからマグマが供給されるホットスポットという場所だ。

マグマはすべて地球内部のマントルが関わっている。**マグマがなくなるようなことが起きるときは、マントルや核の活動に異常が起き、地球そのものの活動が危機に瀕してしまったときであろう。**

巨大地震の5分の1が日本で起きている？

日本は火山大国であると同時に、地震大国でもある。地震は大まかにいって、海洋型と直下型の2つの種類に分けることができる。

海洋型地震は海洋プレートと大陸プレートの境界部分である沈みこみ帯の近くで起こる。沈みこみ帯では、海洋プレートが大陸プレートの下に沈みこんでいくときに、大陸プレートも一緒に引きずりこまれ、ひずみができる。このひずみが大きくなると、大陸プレートががまんできなくなって、元に戻っていく。このときの衝撃が地震となって伝わっていくのだ。

一方の直下型地震は、プレート内部のひずみやねじれによって起きるとされているが、詳しいしくみはあまりわかっていない。

日本近海では、4枚のプレートが接していて、複雑に押しあっている。そのため、日本はどこでも地震が起きやすい状況になっている。日本とその周辺地域では、人が感じることのない小さなものを含めて、**1年に10万回以上の地震が発生している**。これは1日に300回以上発生していることになる。私たちは感じることが少ないが、日本列島やその周辺は絶えず揺れ続けているのだ。

さらに、日本は震度の大きな地震もたくさん起こる。2000年から2009年にかけてマグニチュード6以上の地震が起きた回数は全世界で1036回あった。そのうち212回が日本で起きている。実に20％以上が日本に集中していることになる。これは少し集中しすぎではないかと思ってしまうが、4枚のプレートが接している複雑な地形が日本に大きな地震をたくさん起こしてしまうのだろう。

ハワイがだんだん日本に近づいている？

地球の地殻は十数枚のプレートの上に乗っている。そして、このプレートがマントルの対流などの影響で動いていくとするのがプレートテクトニクスという考えである。

日本の近海では太平洋プレート、北アメリカプレート、フィリピン海プレート、ユーラシアプレートがぶつかっており、複雑な動きをしている。そのうちの1枚である太平洋プレートは日々、日本に向かって移動しており、日本海溝で北アメリカプレートの下に沈みこんでいる。太平洋プレートが沈みこむ距離は年間で８㎝程度。つまり、**太平洋プレートは毎年８㎝ほど日本の方に移動している**といえる。

　太平洋プレートが移動しているということは、その上に乗っている地殻も一緒に移動している。ハワイ諸島も太平洋プレート上にあるので、１年間で８㎝ずつ日本に近づいているのだ。そうはいっても、１年間に８㎝という距離はとても短いので、日本に近づいているといっても、あまり実感がもてない。

　だが、ハワイ諸島の地図をよく見てほしい。ハワイ諸島は南東から北西の方向に大小１００以上の島や環礁が一直線に並んでいる。ハワイ諸島の描く直線をずっと伸ばしていった先には日本海溝が待っている。

　ハワイ諸島の最大の島であるハワイ島は、キラウエア火山が活動する火山島だ。このキラウエア火山はマントルからマグマが直接供給されるホットスポットによってできている。この火山からは、現在でも勢いよくマグマが吹き出しているために、ハワイ島は他の島よりも大きくなっている。

　実は、ハワイ島から北西に連なっている島々はかつてホットスポットによってつくられたものばかりである。太平洋プレートが移動したことによって、島の位置がずれていき、だんだんと海の中に沈んでいっている。そして、時間が経てばハワイ島も北西に移動していき、その南東方向には新しい島が出現するだろう。ハワイ諸島の地形はハワイが日本に近づいていることを示す証拠でもあるのだ。

南極には隕石がたくさん落ちている？

2013年2月にロシアのチェリャビンスク州に大きな隕石が落ちた。この隕石は最終的に湖に落ちたが、都市部の近くを飛来したために、たくさんの人たちに目撃され、話題になった。

大部分の隕石は、太陽系ができるときに惑星にまで成長することができなかった小惑星だ。小惑星も太陽の周りをグルグルと回っているが、ときどき、地球の重力に引き寄せられたりして地球にぶつかり、隕石となる。その他にも、月や火星の一部だった岩石が何かの拍子に宇宙空間に放出され、地球にやってくるというものもある。

小惑星などが地球にやってくると、まず、大気とぶつかって熱や光を発する。私たちはこの状態でも隕石と呼んでしまうが、正確にいうとこれは火球（かきゅう）とよばれるものだ。隕石は地上に落ちることで、初めてその名でよばれることになる。

実は直径数㎜程度のチリのような天体は毎日地球にぶつかっている。この大きさのものはすぐに大気との摩擦で燃え尽きてしまう。夜にたなびく流れ星は、このようなチリが地球にぶつかったものだ。そして、直径7mほどの天体は半年に1度の割合で地球にやってくるが、この大きさでも隕石にはならず、大気中で燃え尽きてしまうという。

ロシアに落ちた隕石は直径1・5mほどだったが、元になった天体は直径17mほどだったのではないかと推測されている。大気との摩擦などによって小さくなっていったのだ。

地球は誕生から46億年の時間が経過しており、その間にたくさんの隕石が落ちている。隕石は地球上にまんべんなく落ちているはずだが、発見される場所は大きく偏っている。何と、**地球上で発見された隕石の8割近くが南極で発見されている。**別に隕石が南極に集中して落ちているわけでもないのに、なぜ、南極でたくさん発見されているのだろうか。

その理由は南極が隕石を発見しやすい場所だからだ。南極は岩盤の上に巨大な氷河が乗っかっている。そこに隕石が落ちると、一旦、氷河の中に埋もれてしまうが、氷河とともに海の方へ移動していくことになる。だが、南極には大きな山脈がいくつかあるために、内陸部に落ちた隕石はその麓でせき止められてしまうのだ。

しかも、山の麓では氷河が昇華して消えていく現象が起きるので、隕石が氷河の表面に出てきやすい。そのような条件がそろっているために、南極では隕石がたくさん発見されているのだ。日本の研究機関も南極でたくさんの隕石を発見し、1万6200個以上もっている。これはアメリカに次いで世界第2位の数だ。

なぜ日本から遠く離れたペルー沖の海水温が世界に影響するのか？

気象関連のニュースを見ていると、たまにエルニーニョという言葉が出てくる。太平洋赤道域の日付変更線のあたりから南米のペルー沿岸にかけて海面の水温が平年と比べて高い状態が1年ほど続く現象をエルニーニョ現象という。

エルニーニョとはスペイン語で「男の子」という意味だが、同時にイエス・キリストのことも指す。**もともとペルー北部の漁師たちが、毎年キリストの誕生日であるクリスマスあたりに発生する小規模な暖流のことを指してエルニーニョと呼んでいたが、次第に数年に1度の割合で起こるペルー沖の海水温が上がる現象を指すようになった。**

エルニーニョが発生すると、日本付近は冷夏や暖冬になるといわれている。地球の裏側のペルー沖の海水温が上がることが、なぜ、日本の気候にも影響を与えてしまうのだろうか。

太平洋の熱帯地域には貿易風という東向きの風がいつも吹いている。この貿易風と地球の自転効果によって東部のペルー沖の海では深層から冷たい海水が湧き上がってきて、温かい海水は西部のインドネシア沖の方に移動する。このとき、海面水温の高い西部のインドネシア沖では海水がたくさん蒸発して、積乱雲などが発生するようになる。

ところが、エルニーニョ現象が起こると、東風の貿易風が弱くなり、温かい海水が通常よりも東側にとどまってしまい、ペルー沖で冷たい深層水が湧き上がりにくくなる。その結果、ペルー沖の海水温がいつもより上がり、積乱雲が発生する場所が東側にずれてしまう。

インドネシア沖の太平洋西部から見れば、海水温がいつもの年よりも低くなるので、積乱雲の発生が弱まってしまうことになる。太平洋西部は、太平洋高気圧が発生する地域だ。エルニーニョ現象が発生すると、夏は太平洋高気圧の張り出しが弱くなるために、日本にとっては冷夏となる傾向が高くなり、冬は西高東低の気圧配置が弱くなって暖冬になる可能性が高くなるというわけだ。

最近では、2009年の夏から2010年の春にかけてエルニーニョが発生した。その影響で、2009年は北日本と西日本の日本海側で雨が多くなり、日照不足が続いたといわれる。

エルニーニョの逆もある！

最近では、エルニーニョとは逆に、貿易風が強くなり、ペルー沖で冷たい深層水がたくさん湧き上がって、太平洋西部のインドネシア沖で海水温がいつもより高く、東部のペルー沖でいつもより低くなるというラニーニャ現象も話題になっている。

ラニーニャとは「女の子」という意味のスペイン語だ。エルニーニョ現象の逆の現象なので、その名がついた。ラニーニャ現象が起きると、日本付近では夏は太平洋高気圧が活発になって猛暑となり、冬は西高東低の気圧配置が強まって寒くなる傾向がある。

ただし、エルニーニョ現象もラニーニャ現象も、昔はペルー沖の海水温が変化することが注目され、異常気象とつなげて考えられてきたが、最近では、**太平洋の海水と大気が連動して変化するシステムとして考えられるようになり、エルニーニョとラ**

ニーニャは交互にやってくる周期的な現象であることがわかってきた。このような現象が日本の気候にどのような変化を与えるのかについてはある程度の傾向はつかめているが、詳しい仕組みはまだよくわかっていないことが多い。

地球は毎年5万トンずつ軽くなっていた!

地球は、いつも変わらず太陽の回りを周り続けている感じがするが、実は1年に5万トンずつ重さが減っているという。しかも、ただ減っているだけではない。実は、地球には毎年4万トンずつ宇宙からチリが降り注いでいるという。それにもかかわらず、毎年5万トン軽くなっているということは、何かが1年間に9万トン減っていることになる。いったいそれは何なのだろうか。

その正体は気体の水素とヘリウムだ。水素とヘリウムは宇宙の中でもかなり軽いものだ。あまりにも軽すぎて地球の周りに引き寄せ続けることができない。**水素は1年で約9万5000トン、ヘリウムは1600トンも宇宙空間に逃げてしまっている。**

そのように地球にやってくるものと宇宙空間に放出されるものを差し引きしていくと、大まかに計算して、地球は1年間で5万トンずつ軽くなっているという結果が得られる。

人間からみれば1年間に5万トンもなくなってしまうのは一大事に思える。しかし、地球の重さは約6000兆トンの100万倍ととても重いものだ。水素もまだまだ地球上にたくさんあるので、あまり心配することはない。

ただ、ヘリウムはもともと地球上にそれほど量がないうえに、最近、超伝導磁石や半導体製造などに利用されることが多くなり、世界的に不足するようになってきた。数十年後にはヘリウムが枯渇してしまうのではないかという心配もされている。

例えば、医療に使われるＭＲＩなどの画像診断装置にもヘリウムが使われている。ヘリウムがなくなってしまうと、これらの装置も使えなくなってしまうので、これまで利便性を追求してきた私たちの生活も大きく変わらなければならなくなるかもしれない。

雷の威力は1億ボルト以上！

梅雨時から夏にかけて、急に天気が崩れて激しい雷雨にみまわれたなんてことは、誰でも1度は経験するだろう。気温が高い夏は、空気中に水蒸気がたくさん含まれるようになり、積乱雲が発達しやすくなる。このような雲の中では、プラスやマイナスの電気をもった静電気が発生しやすくなる。これが雷を生みだすもとになる。

プラスの電気は、雲をつくっている小さな氷の粒とくっついて雲の上の方に行き、マイナスの電気は大きな粒とくっついて雲の下の方に行く。そして、雲の中や雲と地面との間で放電現象が起こり、雷が発生する。

雷の電圧はおよそ1億ボルトで、家庭用の100ボルトの電圧の100万倍に相当する。雷は1000分の1秒というとても短い時間に発生するので、発生した電気を溜めるのはとても難しいが、もし雷によって発生した電気を利用できれば1つの家庭で使用する電力の50日分を賄うことができるという。

雪崩は新幹線よりも速かった！

日本は日本海側を中心にたくさんの雪が降る、世界でも有数の豪雪地帯だ。東京などの都市部ではたまに雪が降ると、交通機関が止まったり、道路を歩く人が転んでけがをしたりと様々な被害が起こる。しかし、豪雪地帯の被害はさらに深刻だ。中でも特に怖いのが雪崩(なだれ)である。

雪崩は斜面にある雪や氷が滑り落ちる現象で、1度にたくさんの人の命を奪う危険性がある。日本には雪崩が発生して民家に危害が及びそうな場所が2万箇所以上ある。また、スキー場や雪山でも雪崩が発生する可能性があるので、多くの日本人が遭遇する可能性が高い災害だ。しかし、雪崩を身近な問題として考えている日本人はとても少ない。

雪崩のもととなるものは雪だ。雪はとても軽いものなので、あまりたいへんなものという印象がないかもしれない。しかし、雪は量が多くなるととても怖い存在に変化する。

例えば、**東京ドーム10杯分の雪（1240万立方m）が雪崩を起こすと、時速270㎞で走る新幹線よりも速くなってしまう**。しかも雪崩は音もなく迫ってくるので、気がついたときには逃げることができずに大量の雪の中に飲み込まれてしまう。雪崩のことをよく知らない人は、東京ドーム10杯分の雪崩はとても稀なケースだと思うかもしれない。しかし、自然界では東京ドーム数十杯分に相当する雪崩がしばしば起きている。冬に山間部へ行く人は、雪崩についてよく知って、十分な対策を立てておこう。

最近活発な火山「西之島」は陸地形成過程の解明につながる？

2013年11月20日、小笠原諸島の西之島の近くに新しい島が発見された。海底火山の活動によってつくられた島だった。新しい島はどんどん大きくなっていった。そして、その年の12月25日にはもともとあった西之島とつながって1つの島になった。

その後も、火山活動は活発に続き、旧西之島の部分も含めて、西之島は溶岩に覆われていき、面積も大きくなっていった。火口は全部で4つ確認され、火山活動はしばらく続く見込みだ。

西之島が位置する小笠原諸島は、伊豆半島から南の海域へと伸びる伊豆―小笠原―マリアナ弧とよばれる海洋島弧の一部分だ。実は最近の研究では、このような**海洋島弧から大陸地殻が誕生し、さらにこのような海洋島弧が衝突、合体することで現在のような大陸ができたのではないかと考えられている。**

伊豆―小笠原―マリアナ弧は、海洋島弧が生まれて、成長していく過程が観察できる数少ない場所だ。西之島の成長は、海洋から大陸地殻ができるまでの道のりの一端なのかもしれない。

あられとひょうはどう違う？

2014年6月24日の午後、関東地方は大気が不安定で、局地的に激しい雷雨に見舞われた。その中で、東京の一部の地域では大量のひょうが降り、大きな話題になった。東京の市街地というとても人目につきやすい場所だったおかげで、大きなニュースになったが、実は6月にひょうが降ることはあまり珍しいことではない。

日本は5月から6月にかけて、南の海上から湿った空気がやってきて、上空には寒気が入りこむことが多いので、大気が不安定になりやすい。そのためこの時季はひょうが降りやすくなるのだ。

ひょうは大きく発達した積乱雲の中でつくられる。複数の積乱雲が密集していると、上昇気流と下降気流が発生する場所が異なってくる。すると、上昇気流によって上空にもちあげられた空気が冷やされて、雪の結晶ができる。

雪の結晶がある程度大きくなると重さに耐えきれなくなり、地上に向かって落ちていくことになる。雪の結晶は落ちながら、周りにある0度以下に冷やされた過冷却状態の水滴と合体してあられに成長していく。このとき上昇気流が強いと、あられは再び上空の冷たい場所に押し戻されてしまう。そして、落下と上昇を繰り返し、ひょうへと成長していく。

あられもひょうも、雲からできる氷の粒であることには変わりないが、**あられは直径5㎜未満、ひょうは直径5㎜以上と大きさによって区別されている。**真夏は積乱雲が発達するので、あられやひょうができやすいが、気温が高いので、地上に落ちてくるまでに解けてしまうことが多い。

本当はたくさんある雪の結晶！

雪はどこでも同じように降るというイメージがあるが、実は場所によって降り方が違っているという。

例えば、本州では大きな白い塊になって降ってくるために、小さな白い粒に見えるが、北海道は気温が低いために、雪の結晶が1粒ずつ降ってくる。だから、北海道の子どもたちは、雪の降る様子を絵で表現するときに、六角形や星形などの形で雪を描くという。

雪は水が凍ったものであるが、氷とは違う形で結晶をつくる。氷は水そのものが凍った姿であるのに対して、雪は水が水蒸気に変化した後に、空気中で凍ったものだ。**気温や水蒸気の量によってその姿は変化し、何種類あるのかわからないほどだ。**

だが、雪のでき方から考えていくと、すべての雪の結晶は六角形の板状のものから変化していく。雪の結晶は、氷点下5度くらいの環境で、空気中の水蒸気がチリに付着することによってできはじめる。最初は球の形をしていたものがやがて小さな六角形の板状へ変化する。

氷点下5度から10度の間は、板状の結晶の面の上に水蒸気がどんどん付着し、結晶が縦に長く伸びていく。その結果、板状の結晶が角柱状、針状へと成長していく。そして氷点下10度から20度では、結晶は横に広がるように成長して最終的には樹枝状になる。

また、大きく成長した結晶は、角の部分から先に発達していく。空気中の水蒸気が少ないときは、角から面全体に広がるように水蒸気がくっつき、成長していくが、水蒸気の量が多くなると、結晶に水蒸気がくっつくスピードが速くなるので、面全体が成長する前に、角の部分に長い針のような構造が伸び、複雑な形になっていくという。雪は温度や水蒸気のちょっとした変化によって、いろいろな形をつくっていくのだ。

最近増えている集中豪雨の原因は積乱雲だった！

最近、夏になると1時間に100㎜以上という集中豪雨がよくみられるようになってきた。このような集中豪雨をもたらす原因として、バックビルディング現象が注目を集めている。

バックビルディング現象というのは、積乱雲が風上で次々に発生して移動してくるので、風下で雨が降り続ける現象だ。まるでビルが建ち並ぶように積乱雲が並ぶことからこの名前がつけられた。積乱雲は雨を降らせてしまえば消えてしまうが、**バックビルディング現象では、新しく発生した積乱雲が風に乗って次々とやってくるので、同じ場所に雨が降り続いてしまう。**

2014年8月の広島の豪雨、2013年7月に発生した山口や島根での大雨ではバックビルディング現象が起きたとみられている。

地上付近と上空付近での風向きや風速が違う場所では、発生した積乱雲が風下に移動し、新しい積乱雲ができやすいので、バックビルディング現象が起きやすいとされている。だが、その発生を事前に予測するのは難しい。

空が青く見えるのはどうして？

天気がいいと、真っ青な空が気持ちよく広がる。空気は透明なはずなのに、なぜ、空は青くなるのだろうか。

ものに色がついて見えるのは光の作用によるものだ。19世紀頃までは、空が青く見えるのは、空気中のチリや水滴に太陽光が当たるためだと考えられていた。しかし、よく調べてみると、それはまちがっていて、空気のもとになっている窒素や酸素の分子にあたることで、空が青くなっていることが明らかになった。

太陽光は光の中に赤から紫まで様々な色が含まれている。**太陽光が空気の中を通過するときに波長の短い青い光が窒素や酸素の分子にぶつかって、四方八方に散らばってしまう。そのため、空いっぱいに青い光が広がることで、私たちの目には空が青く見えるのだ。**

ちなみに、朝や夕方は、太陽光が斜めに差しこんでくるので、昼間よりも空気の中を進む距離が長くなる。このときも、青い光は空気中に散らばっていくが、進む距離が短いので、私たちの目には届きにくくなる。そのため、散らばりにくい赤い光がたくさん見えるようになる。

雨上がりに虹が見えるのはどうして?

雨が降ると何だか重苦しい雰囲気になったりするが、雨上がりに虹が見えたりすると、そんな気分も吹き飛んでしまう。

それにしても、なぜ雨上がりに虹が見えるのだろうか。これは虹が空気中にある水滴によって起こる現象だからだ。

太陽光が水滴にあたると、その中で屈折と反射を起こし、赤、橙(オレンジ)、黄、緑、青、藍、紫の7色に分かれるとされている。だが、光の色の変化は連続的なので、人によって色の区別は様々だ。

虹は、日本では7色が主流になっているが、イギリスやアメリカでは6色、ドイツでは5色に分けることが多いという。特に藍色を区別するのが難しいようだ。

虹の7色を決めたのはニュートンだ。だが、実際にはニュートン自身も7色見えていなかったのではないか思わせる記録が発見されている。

ニュートンはもともと虹の色を赤、黄、緑、青、紫の5色と表現していたが、途中から橙と藍を入れて7色にしたという。ニュートンが虹を7色にした理由ははっきりとはわからないが、彼の宗教観によるものだとか、ドレミファソラシの7つの音階に対応させたからだとか、いくつかの説が考えられている。

WONDERS OF EARTH | CHAPTER 2

2章

果てしなく広がる！「宇宙」のふしぎ

じつは太陽は燃えていない！

太陽は膨大な熱と光を宇宙空間に放射しながら輝いている。表面温度は約6000度で、中心部分になると1500万度にも達するという。鉄鉱石から鉄を作る高炉内の温度が約2000度であることを考えると、その凄まじさがわかると思う。

ところで、私たちはその姿から、つい、太陽が「燃えている」といってしまいがちだ。しかし、正確にいうと太陽は燃えていない。

「燃える」という言葉をもう少し正確に言い直すと燃焼となる。燃焼というのは、ある物質が酸素と結合する化学変化のことをいう。紙や木が燃えるのは、その主成分である炭化水素が酸素と結合して二酸化炭素や水ができるからである。このとき、光とともに熱も発生するが、燃焼で発生する熱はせいぜい数百度程度だ。とてもではないが、千数百万度もの熱を出すことはできない。

実は、**太陽の中心部分で熱や光を発生させているのは核融合反応なのだ**。4つの水素原子から1つのヘリウム原子をつくることで、莫大なエネルギーを生みだしている。原子は物質を構成する基本的なものだ。核融合反応は、それを根本的に変化させてしまう。

そして、4つの水素原子を融合させて、1つのヘリウム原子をつくるとき、質量が少し減ってしまう。その減った分が熱や光のエネルギーに変化するのだ。核融合を起こすことで、太陽は1秒間に約400万トンもの質量を失いながら、熱や光などのエネルギーを生みだしている。地球上の生物はそのエネルギーを受け取って生きているのだ。まさに太陽は身を削って私たちを養ってくれているといっていいだろう。

金星は西から陽がのぼる？

地球は自分自身がコマのように回転する自転運動と、太陽の周りを周回する公転運動の2つの運動を同時におこなっている。地球の場合、自転は西から東に向かって回転しているので、太陽、月、星などは東から昇って西に沈むように見える。

太陽系の惑星はすべて自転と公転を同時におこなっており、だいたいの惑星で太陽は東から昇ることになっている。しかし、金星からは太陽が西から昇るように見える。なぜなら、**金星は自転の方向が公転の方向とは逆回りをしているからだ。**

金星の自転方向が、なぜ、公転方向と逆になっているのかはまだよくわかっていない。一説によると、金星が誕生したときは自転の方向は公転の方向と同じ向きだったが、巨大な天体が衝突して自転の方向が逆になったのではないかといわれている。

宇宙の95％がまだわかっていない！

ハワイのマウナケア山にあるすばる望遠鏡や地球の周りを飛んでいるハッブル宇宙望遠鏡などのおかげで、私たちはたくさんの天体をとてもきれいな画像で見ることができるようになってきた。宇宙といえば、そのようなたくさんの星や、その星たちが集まった銀河のことを想像する人は多いと思う。だが、宇宙の研究が進んだことで、そのイメージは大きく変わってしまった。何と、星や銀河などを含めて、私たちの目に見えるふつうの物質は、この宇宙の5％にも満たないのだ。

では、残りの95％は何なのか。ビッグバンの名残である宇宙背景放射という、この宇宙にまんべんなく伝わっているマイクロ波の観測結果から計算したところ、**約26・8％がダークマターで、約68・3％がダークエネルギー**ということだけは突きとめることができた。

この突然のように出てきたダークマターとダークエネルギーの正体は何なのだろうか。実は、それがよくわからないのだ。ダークというのは真っ黒とか、真っ暗という意味で使われることもあるが、今は正体不明でよくわからないものという意味あいで使われている。そして、マターは物質という意味なので、ダークマターは、正体不明のよくわからない物質、ダークエネルギーはよくわからないエネルギーということになる。

しかも、このダークマターとダークエネルギーは、これまで人類が積み上げてきた宇宙の理論の中には登場したことがないものだったのだ。つまり、人類が理解している部分は、宇宙全体の5%にも達していない。この宇宙にはまだまだわからないことがたくさん存在するのだ。

生身の体で宇宙に出たらどうなる？

人類がはじめて宇宙に飛び出したのは1961年のことだ。旧ソ連の空軍中尉だったユーリイ・ガガーリンがボストーク1号で1時間48分の宇宙旅行を成功させている。それから現在まで宇宙を訪れた人の数は500人を超えた。

初めは宇宙船の中でしか活動できなかったが、技術の進歩とともに、宇宙服を着れば、宇宙空間に出ることができるようになった。こうなってくると、ある疑問が頭に浮かぶようになる。宇宙服を着ないで宇宙に出たらどうなるのだろうかと。

宇宙空間は空気がほとんどない真空状態になっている。私たち人間は、1気圧の空気によって、どの方向からも押さえつけられている環境に生きている。その**空気の圧力がない宇宙空間に、生身の体で出てしまうと、体内の血液や体液が沸騰してしまい、体が膨れあがり、すぐに体中の水分が蒸発してしまう**。これだけでも生きていくのは不可能だ。

もちろん、空気もないので呼吸もできないし、宇宙放射線や細かいチリなどで体も傷ついてしまう。それらの脅威から身を守るために宇宙服を着ているのだ。

私たちが見ているのは8分19秒前の太陽だった！

私たちは、ほぼ毎日太陽を目にする。ふだんは、太陽が空に昇ることで昼と夜が区別できる程度にしか思っていないかもしれないが、私たちは太陽がないと、この宇宙に存在することができない。この地球自体、太陽ができるときに集まってきたたくさんのチリやガスからできている。もちろん、私たちの体も元をたどれば、そのときのチリやガスに行きつく。

さらにいってしまえば、地球上の多くの生命は、太陽のエネルギーを得ることで活動している。地球には1平方mあたり約1・4kWの太陽エネルギーが降り注いでいる。植物たちはそのエネルギーを受け取り、光合成をすることで有機物をつくり、動物たちは植物がつくった有機物を食べ、エネルギーを得ていく。今、私たちがたくさん使っている石炭、石油、天然ガスなどの化石燃料も、もともとは大昔に生きていた植物や動物の死骸である。それらを育んできたのは、もちろん太陽だ。

このように太陽の光がたくさんの恵みをくれる。だが、実は、私たちは太陽の光をリアルタイムでは見ることができない。なぜなら、光にも速度があるからだ。

光は1秒間に約30万㎞もの速さで進む。つまり、光は1秒間に地球7周半分もの距離を進むことになるので、地球にいる限りは、光は一瞬で進むし、速さは考えなくてもいい。ただ、空気に吸収されたりするので、あまりどこまでも進むというイメージはないかもしれない。

だが、広い宇宙空間の中では、光が伝わるのにも「時間」がかかる。**太陽は地球から約1億5000万㎞離れた場所にある。そこから光が伝わるには約8分19秒の時間が必要だ。**つまり、私たちが見ている太陽の光は、常に8分19秒前のものなのだ。

水星には本当に水があった!

水星は太陽系の惑星の中で、一番内側の軌道を回っている。つまり、太陽に一番近い惑星である。直径は地球の0・4倍ほどで、太陽系惑星の中で一番小さい。だが、水星は岩石や鉄によってできているため、1立方mあたり約5430kgもの重さがある。平均密度は地球に次いで二番目に大きな惑星だ。

太陽に一番近いということは、太陽からやってくる熱や光の量がとても多いことを意味している。現に、水星が受ける太陽光の強さは、最大のときで地球が受ける強さの11倍にもなる。そのため、昼は表面温度が430度に達するが、夜はマイナス180度にまで下がってしまい、極端な暑さと極端な寒さを繰り返す。

日本語の水星という名前は、中国の五行説という考え方からきたもので、実際の水とは関係がない。もちろん、水星の位置から考えて、水星に水があるとは思われていなかった。

だが、2004年8月に打ち上げられたアメリカの水星探査機メッセンジャーによって、思いもよらない事実が観測された。何と、水星の表面に水があったのだ。水が見つかったのは太陽光が届かないクレーターの底の部分。ここに大量の氷が存在していた。**その量は1000億〜1兆トンと見積もられている**。水星は名前の通り水のある惑星だったのだ。

土星の輪っかは氷の粒でできていた！

土星は大きくて美しいリングをもち、人気のある惑星である。このリングは、1610年にガリレオ・ガリレイが世界で初めて土星を観察したときから知られている。

ただし、このときガリレオが使っていた望遠鏡はまだまだ性能が低かったので、リングがあまりよく見えなかった。そのためガリレオは手記に「土星には耳がある」と書き残している。土星のリングがしっかりと確認されるようになったのは1655年のこと。オランダの天文学者クリスティアーン・ホイヘンスの観測によって確かめられた。

地球から見える土星のリングは、直径約27万㎞と、土星の直径の約2倍にも達している。だが、厚みは数十～数百mとても薄い。遠くから眺めていると、一枚のシートやたくさんの溝のついたレコードのように見えるので、平面的に広がった板状の物体が土星を取り巻いているように感じてしまう。

ところが、探査機などを使ってよく観察してみると、土星のリングは細かい氷の粒やチリがたくさん集まってできていた。**たくさんの粒が整然と並んでいたために、遠くから見ると、平面のように見え**

ていたのだ。
さらに、リングは1本の幅広いものではなく、7本に分かれていることも明らかになった。一番遠くにあるリングは土星の中心から48万㎞も離れていたのだ。

土星の輪っかはときどき消える？

2009年、土星の周りを取り囲んでいるはずのリングが消えるという現象が起きた。もちろん、これは土星のリングが物理的になくなってしまうわけでなく、リングはすぐに見えるようになった。実は、地球から見ると、約15年に1回の割合で、土星のリングが消えるという現象が起こるのだ。

土星は約30年の周期で太陽を1周している。その間に地球から見たときの土星のリングの傾きは大きくなったり、小さくなったりと変化する。そして、15年ごとに地球が土星のリングを真横から見るタイミングが訪れる。このとき、地球から見ると、土星のリングが見えなくなってしまうというわけだ。

土星のリングはその大きさに対して厚みがほとんどない。**土星のリングが直径1㎞くらいの円盤だとすると、その厚みは0・4㎜くらいになる。**それほど薄いものだからこそ、真横から見ることでその存在が見えなくなってしまうのだ。

　前回、土星のリング消失が観測されたのは２００９年のことだ。次回は２０２５年に起こる予定になっている。だが、２０２５年は見かけ上、太陽に近い場所で起こるので、リングが消える時期に土星を観測するのは難しい。観測しやすいリング消失現象が起こるのは、２０３８年から39年にかけてと、まだまだ先のことである。

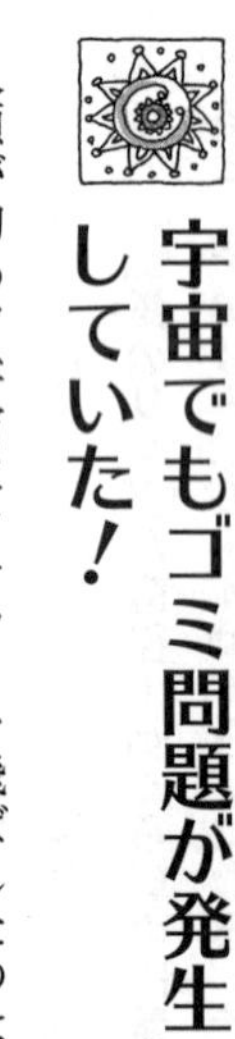

宇宙でもゴミ問題が発生していた！

　人類が初めて宇宙にロケットを飛ばしたのは、１９５７年10月4日。旧ソ連が世界初の人工衛星スプートニク1号を打ち上げた。それ以来、60年ほどの間に、７０００機以上もの人工衛星や探査機が次々に打ち上げられてきた。打ち上げ回数が多くなればなるほど、ゴミの量も増えてくる。

　地球上では、富士山やエベレスト、果ては南極までもゴミ問題が発生している。人間が行く先々にはいつもゴミの問題がついて回る。

実は、宇宙でも深刻なゴミ問題が発生している。打ち上げに使用したロケットの一部や運用が終わった人工衛星がそのまま残されていたり、故障、爆発、衝突などによって粉々になった破片などが宇宙ゴミ（スペースデブリ）として地球の周りを回っている。

現在、地球の周りにどのくらいのスペースデブリが存在するのか、その正確な数は誰も把握していない。だが、**地上から監視している大きさ10cm以上のものだけでも2万2000個もあるという**。さらに、数cmから数mm程度のものまで含めると、1億個はくだらないともいわれている。既に地球の周りはスペースデブリであふれている状態だ。もしかしたら、地球の周りは宇宙で一番汚い場所になっているのかもしれない。

この先、人工衛星や探査機をまったく打ち上げない状態をつくったとしても、スペースデブリは増えることがあっても、減ることはほとんどない。こうした事態に対処するために、現在、スペースデブリを取り除くための人工衛星の開発が世界的に進められている。

宇宙に行くと身長が伸びる？

「クレオパトラの鼻がもうすこし低かったら、世界の歴史の局面は変わっていただろう」という有名な言葉がある。これは鼻の高さという些細なことで、歴史の局面が大きく変わってしまうという比喩的な言葉だ。みなさんも、「自分の身長がもう少し高かったら、人生が変わっていたのではないか」と思うことはないだろうか。

実は、成長期を過ぎた大人になっても、身長が伸びる場所がある。それは宇宙空間だ。人間は地球から宇宙空間に行くだけで、身長が3～6㎝も伸びるという。「そんなバカな」と思ってしまいそうな話だが、宇宙に行けば本当に身長が伸びてしまうのだ。

地球には重力があって、大気の層を引き寄せている。ふだん、まったく意識をしていないが、私たちは大気の中で暮らしているので、常に大気に押さえつけられながら生きている。でも、宇宙に出てしまうと重力がほとんどなくなってしまうので、大気に押さえつけられることがない。そのため、地上にいるときよりも背骨の間にすき間ができやすくなるのだ。

背骨と呼ばれている部分は、頸椎から尾骨まで32個の骨でできている。重力がほとんどなくなることで、その間隔が1～2㎜ほど大きくなるので、全体として3～6㎝ほど背が伸びることになる。もちろん、これは一時的なものなので、地上で生活すると元の身長に戻ってしまう。

だが、私たちは宇宙に行ったときと同じ効果を毎日体験している。実は横になって寝ているときは、背骨が大気の圧力から解放されているので、背骨の間隔が伸びている。だから、少しでも身長を高くしたいときは、起きた直後に身長を測ればいい。いつもより数㎝高くなっているはずだ。でも、日中、活動をしている間に大気に抑えつけられて元の身長に戻ってしまうので、気をつけよう。

天の川は銀河の形！

皆さんは天の川を見たことがあるだろうか。最近は、都市部はもとより、地方でも人工的な光が増えてしまい、天の川が見える場所が少なくなってきた。天の川は肉眼で見ると、少しぼんやりしていて、川や雲のように見えるが、よく見ていくと、暗い星がたくさん集まっていることがわかる。七夕などのお話もあったりして、天の川といえば夏のイメージだが、冬でも見ることができる。ただ、夏と冬を比べると、夏の方が明るいので、観測するのは夏の方が向いているという。

ところで、なぜ天の川の部分にはたくさんの星が集まっているのだろうか。

実は、たくさんの星が集まっているように見えるのはみかけにすぎないのだ。

宇宙では、太陽のような星がたくさん集まって銀河という集団をつくっている。この銀河の形はいろいろあるが、私たちのいる銀河系（天の川銀河）は薄い円盤の形をしている。直径が約10万光年なのに対して、厚さが約１０００光年しかない。つまり、**同じ平面にたくさんの星が散らばっていることになる**。

ふだん、私たちが目にしているのは、太陽と同じ銀河系を形づくる星たちだ。ということは、銀河系の中から、銀河系の星を見ていることになる。地球からは、３６０度すべての方向に星が存在するが、円盤の平面にあたる部分にはたくさんの星が集まることになる。そう、天の川の正体は銀河系の円盤部分に集まっているたくさんの星たちだったのだ。

天の川は、銀河系を輪切りにしたような形になっている。銀河系を横から見たものと思っていいだろう。私たちは、銀河系の姿として、渦を巻いた円盤状の形を思い浮かべることが多いけれど、あの姿は想像図に近いものだ。もちろん、観測結果から、銀河系が渦巻き銀河であることはわかってきてはいるが、本当の姿を実際に見たことがある人は誰もいない。正面から見たことはなくても、銀河系の横顔は誰もが一度は見たことがある馴染み深い姿なのだ。

彗星は汚れた雪だるま？

2013年11月下旬に、アイソン彗星が太陽に最接近した。アイソン彗星は太陽に近づくにつれだんだんと明るくなり、一時は肉眼でも観測できるほどにまでなった。太陽に最接近したときは観測できなくなるので、太陽から離れていく姿を観測しようと、観望会がたくさん計画されていた。

アイソン彗星は日本時間の11月29日早朝に太陽に最も近づいたが、そのとき、彗星の核が崩壊して、ほぼ消滅してしまった。このようなことが起きた原因は、彗星の構造にある。実は**彗星はほとんどが氷からできているのだ**。その中にガスやチリとなる成分も含まれているために、汚れた雪だるまとたとえられることもある。

彗星は海王星よりも遠い場所で生まれ、太陽に近づくにつれて熱で氷が解かされ、尾がたなびくようになる。ハレー彗星のように、何度も太陽に近づいているのに核が分解しないものもあれば、アイソン彗星のように1度近づいただけ分解してしまうものもある。それを事前に予測するのはとても難しいという。ただ、ハレー彗星も、太陽に近づくたびに核は解けて小さくなっているので、いつかは消滅する運命にある。

宇宙に端っこはあるの？

宇宙に端っこがあるかどうかは、子どもの頃に誰もが一度は考えたことがあるのではないだろうか。だが、宇宙に端っこがあるかどうかは、まだよくわかっていない。なぜなら、宇宙がどんな形をしているのかもよくわかっていないからだ。

もし、「地球に端っこはあるの？」と聞かれたら、皆さんはどう答えるだろうか。地球は球の形をしているので、同じ方向にずっと進み続けたら、私たちが生活をしている表面上では端っことというものがなく、同じ場所に戻ってしまう。

宇宙も同じような形をしていたら、端っこというものはないことになる。私たちがそういうことをいえるのは、ロケットによって、地球の外に出ることができるからだ。地球の形を外側から客観的に見ることができるので、端っこがあるかどうかわかるのだが、宇宙の場合はそうはいかない。

この宇宙は138億年前に生まれて、だんだんと大きくなっている。私たちが宇宙のことを観測する手段は今のところ光などの電磁波しかない。電磁波で観測する限りは、この宇宙は平坦になっているので、端っこがあってもよさそうだ。

だが、もし、宇宙がとても巨大な球の形をしていたら、私たちの観測できる範囲が狭すぎて平らに見えるだけかもしれない。**現在の私たちの技術では、宇宙を外側から見ることはできない。宇宙の形がどうなっているのかわからない以上、端っこがあるかどうかもわからないのだ。**

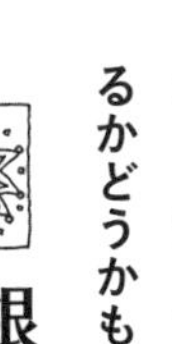

銀河系に星はいくつある？

私たちが肉眼で見ることのできる星は、地球の近くにあるものに限られ、その数は約3000個といわれている。望遠鏡を覗くとより遠くの星まで見ることができ、この宇宙にはたくさんの星が存在することがわかる。

太陽系が所属する銀河系の中にはだいたい2000億個ほどの星が存在するといわれている。

実は20世紀に入るまで、銀河系が宇宙そのものだと思われていたが、望遠鏡の発達によって、銀河系の外にも宇宙が広がっていることがわかってきた。そして、銀河系のような銀河がたくさんあることも明らかになっている。

この宇宙には1000億〜2兆個もの銀河が存在するといわれている。銀河の大きさはばらつきがあるものの、1つの銀河あたり、平均して1000億個ほどの星で構成されているとすると、この宇宙に存在する星の数は最低でも、1000億個の1000億倍となる。当然、そのすべての星を数えることも、見ることもできない。人間にとって、この宇宙はとてつもなく大きなものなのだ。

この宇宙で一番多い元素は？

私たちの目に見える物質をどんどん細かくしていくと、原子に分けることができる。そして、この原子は100種類ほどの元素に分類される。自然界に存在する元素は全部で92種類あって、そのすべてが宇宙で生まれている。

この宇宙で初めてつくられた元素は水素とヘリウムだ。この2つの元素はビッグバンが起きて3分ほどでつくられた。その後、数億年間は、宇宙の中に水素とヘリウムしか存在しなかったが、この2つの元素が集まって星がつくられるようになると、状況が一変する。星の内部で核融合反応が起こり、リチウム、炭素、酸素などの元素がどんどんつくられるようになっていった。

太陽くらいの重さの星は、核融合の材料となる水素原子がなくなってしまえば、核融合を止め、白色矮星（わいせい）というものになって宇宙の片隅でひっそりと暮らすことになるが、太陽の8倍以上の重さをもつ星は、核融合を終えると超新星爆発という爆発を起こして、恒星の内部にできた元素を周囲の宇宙空間にばらまいていく。そして、その元素がまたどこかで集まって新しい星をつくっていくのだ。

現在、宇宙の中で一番多い元素は水素で、2番目がヘリウムである。**宇宙の中での元素の存在比率は、場所によって多少変化するかもしれないが、太陽系内では、質量で比べて70・7%が水素で占められている。そして、ヘリウムが27・4%なので、この2つの元素だけで98%に達している。**

私たち人間の体は炭素などでできているし、酸素を燃やして生活しているので、それらの元素の方が多いように感じてしまうが、宇宙の中で存在する元素はほとんどが水素とヘリウムなのだ。そう思うと、地球ができて、その上にたくさんの生き物が誕生したことがものすごく奇跡的に思えてくる。

金やプラチナは宇宙で生まれた？

いつの時代も、貴金属は人類の憧れの存在だ。金、プラチナ、銀などの金属は、量が少ないだけでなく、酸などと反応せずに、空気中の酸素にも酸化されない。そのため、いつまでも美しい輝きを保つ価値のある金属として珍重されてきた。この貴金属は、いったいどこで生まれたのだろうか。

貴金属類は岩石の中に含まれているので、地球で生まれたと思う人も多いだろう。だが、実際はそうではない。地球上にある物質は100個近い元素からできている。これらの元素は元をたどればすべて宇宙でつくられている。

ダイヤモンド、ルビー、コランダムといった宝石は地殻の中で化学変化を起こすことによってつくられるので、地球で生まれたことになるだろう。一方、貴金属類は地球の中で姿形を変えることがあるが、製錬されたりして、もとの元素の状態になることで価値が出てくるので、こちらはやはり宇宙で生まれたといった方がしっくりくる。

金、プラチナ、銀などの貴金属は宇宙の中のどこでつくられているのかが、長い間よくわかっていなかった。しかし、最近の研究では、**中性子星が合体するときにつくられることがわかってきた**。中性子星というのは、角砂糖1個分の体積で約10億トンもの質量をもつ、とても密度の高い天体だ。宇宙の中ではごく稀に2つの中性子星が合体することがある。そのときの衝撃で貴金属の元素ができ、ガスやチリとなって宇宙にばらまかれる。そのようにしてばらまかれた貴金属は宇宙を漂い、太陽や地球の材料の一部となっている。貴金属は、つくられるチャンスがとても少ないからこそ、とても貴重なものだったのだ。

北極星は数千年後には別の星になる？

星は大昔から、人類に方角を指し示してくれる大切な情報源だった。星の動きを観察することによって、人類は方角だけでなく、季節の移り変わりも知ることができた。

方位磁針などによって方角を知ることができる現在でも、星は私たちにいろいろな情報を教えてくれる。その中でも、有名な星は真北に位置する北極星だろう。現在、私たちが北極星といっている星は、こぐま座のアルファ星とよばれる星である。

しかし、**今から4500年ほど前は、真北に位置する星はこぐま座のアルファ星ではなく、りゅう座のツバーンという星だった。**地球はコマのように自転運動を絶えず繰り返している。100年、1000年と長い時間が経過する中で、自転軸の方向がだんだんとずれていっているのだ。

こぐま座のアルファ星は今後数百年の間は真北の位置にとどまっているが、その後は、どんどん離れていってしまう。1万2000年後には真北を示す北極星はこと座の1等星ベガになるといわれている。

世界最大級の大きさを誇る「すばる望遠鏡」は直径8・3mもある！

人類は天体望遠鏡を手にすることで、宇宙の様子を詳しく知ることができるようになった。望遠鏡を初めて天体に向けたのが、イタリアのガリレオ・ガリレイだ。彼は、1609年に、当時オランダで発明されたばかりの望遠鏡を自分の手でつくり、夜空を観察した。

望遠鏡の性能は光を集める主鏡の直径で決まる。その大きさが大きくなるほど、集められる光の量が多くなり、遠くまで見ることができる。ガリレオが観察して以来、より遠くの宇宙を見ようと主鏡の大きな望遠鏡がたくさんつくられ、現在は直径8〜10mの主鏡をもつ大型望遠鏡がいくつもつくられている。

その中でも、世界最大級の大きさを誇るのがハワイのマウナケア山につくられたすばる望遠鏡だ。マウナケア山の山頂には、世界各国の大型望遠鏡がひしめき合うようにして建設されている。すばる望遠鏡は1999年に完成した日本の望遠鏡で、主鏡

の直径は8・3mもある。直径だけで比べればもっと大きな望遠鏡は存在するのだが、すばる望遠鏡の主鏡は一枚の大きな鏡で、単一鏡を使用した望遠鏡としては世界一の大きさを誇っている。

直径8・3mの鏡は、20人の大人が手をつないだときにできる円と同じくらいの大きさだ。それほどの大きさに対して厚みが20㎝ほどしかないので、鏡自身の重みでゆがまないように、コンピューター制御のアクチュエーターが261個も裏でしっかりと支えている。

すばる望遠鏡はただ主鏡が大きいだけでなく、視野も広いので、遠くの銀河をたくさん発見することができる。**現在、距離が確定しているものの中で、遠くに位置する銀河のトップ10のうち8つがすばる望遠鏡によって観測されたものである。**

遠くの天体をとらえる「アルマ望遠鏡」は66台の望遠鏡の集合体だった!

前項ではハワイのすばる望遠鏡を紹介したが、南米にもすごい望遠鏡が建設された。標高5000mもあるチリのアタカマ砂漠につくられたアルマ望遠鏡だ。すばる望遠鏡は可視光線や赤外線を観測する望遠鏡だったのに対し、アルマ望遠鏡は電波をとらえる望遠鏡だ。電波を観測することによって、可視光線では見ることのできないガスやチリの動きを見ることができるので、星が誕生する瞬間を観測することができるのではないかと期待されている。

アルマ望遠鏡は日本、アメリカ、ヨーロッパなどが共同で建設し、運営する望遠鏡だ。66台の小さな電波望遠鏡が集まっているが、ただ集まっているだけでなく、これらの望遠鏡を組み合わせることで、実際に建設できないほど大きな望遠鏡と同じ効果を生み、遠くの天体を精度よく観測することができる。**その性能は、東京から、大阪に落ちている1円玉を見分けられるほどだという**。本格的な観測は2013年にはじまったばかりだが、宇宙初期の巨大天体の詳しい観測をおこなったり、巨大惑星系が誕生する現場などを発見したりと、活躍が続いている。

直径30ｍの「ＴＭＴ望遠鏡」には４９２枚の鏡が使われている！

２０１４年10月、ハワイのマウナケア山に新しい望遠鏡の建設が本格化した。その名もＴＭＴ望遠鏡。この名前は、Thirty Meter Telescope（30メートル望遠鏡）の略で、直径30ｍというこれまでにないほどの大きな主鏡をもった望遠鏡である。もちろん、こんなに大きな鏡は1枚ではつくることができないので、六角形の鏡を492枚つなぎあわせて1枚の鏡として機能させる。

TMT望遠鏡は、日本、アメリカ、カナダ、中国、インドの5か国の共同プロジェクトで、2022年からの稼働を目指している。TMT望遠鏡では、**太陽系以外の惑星に生命が存在するかどうかを調べたり、宇宙で最初の星を実際に観測したりすることができるのではないかと期待されている。**

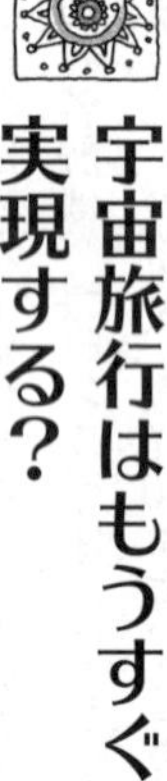

宇宙旅行はもうすぐ実現する？

「一生に一度でいいから宇宙に行ってみたい」

これは誰でも一度は思い描く夢ではないだろうか。宇宙旅行ができるかどうかと聞かれたら、答えはイエスだ。専門の宇宙飛行士に限っていえば既に500人以上の人たちが宇宙に行って、帰ってきている。さらに、数は少ないが民間人も既に宇宙旅行を体験しているのだ。

1990年に日本人で初めて宇宙に行った元TBS記者の秋山豊寛（とよひろ）さんは、職業宇宙飛行士として

ではなく、TBSの社員として宇宙を訪れたので、民間人ではじめて宇宙に行った人ともいえる。

その後、世界初の宇宙旅行者として、アメリカのデニス・チトーさんが、2001年にロシアのソユーズに乗って国際宇宙ステーションに行き、8日間滞在している。このときの費用は2000万ドル。当時のレートで換算すると日本円で約24億円ととても高額なものだった。

民間人の宇宙旅行者は、これまで7人が国際宇宙ステーションに滞在している。民間人もしっかりと訓練を受けて、健康上の問題がなければ宇宙に行くことはできる。しかし、その費用は数十億円もかかるので、今のところ一部の億万長者しか行くことができない。

もう少し気軽に宇宙に行けるように、高度100kmの宇宙空間に3～4分ほど滞在して帰ってくる弾丸ツアーも計画されている。このようなツアーを利用すれば、短時間ながら25万ドルほどで宇宙に行くことができる。既に複数の旅行会社から売り出されており、そのうちの1社であるヴァージン・ギャラクティック社は、将来的に商業飛行をスタートさせたい意向だという。世界中から約700人が予約を完了し、宇宙に行ける日を待っている。

ビッグバンは宇宙のはじまりではなかった?

宇宙の中で暮らすものとして、この宇宙がどのようにしてはじまったのかはとても気になるところだ。宇宙のはじまりの理論としては、物理学者のジョージ・ガモフが提唱したビッグバン理論が有名である。

この理論は、現在の宇宙からどんどん遡っていけば、宇宙は超高温・超高圧の火の玉のような状態からはじまったはずだというものである。あまりにも有名な理論なので、宇宙はビッグバンによってははじまったと思っている人も多いのではないだろうか。

だが、その後の研究によって、どうやら宇宙はビッグバンが起こるちょっと前に生まれたのではないかといわれるようになった。ビッグバンによって宇宙が生まれたと考えると、現在の宇宙の姿ではつじつまが合わないことがたくさんあったからだ。

その矛盾を解決するために考えられたのがインフレーション理論というもので、アメリカの物理学者アラン・グースと日本の佐藤勝彦・東京大学名誉教授が同じ時期に、それぞれ発表した。この理論によると、**宇宙が誕生した直後にインフレーションと**

いう急成長期があり、宇宙は一瞬の間に考えられないスピードで大きくなった。その後、ビッグバンによって熱と光が宇宙に充満し、１３８億年の時間をかけて現在の大きさにまで膨張してきたという。

宇宙が誕生した直後にインフレーションがあったという直接的な証拠はまだ見つかっていないが、これまでの観測結果から、間接的な状況証拠のようなものは見つかっている。観測技術がさらに進んでいけば、宇宙がどのように誕生したのかまでわかってくるはずだ。

最近発見されたヒッグス粒子ってどんな粒子？

２０１２年7月4日に、欧州原子核研究機構（ＣＥＲＮ）が、ヒッグス粒子らしき新粒子を発見したと発表し、世界中でニュースになった。科学者たちにとってはものすごいことが起きたのだが、何がすごいのか今ひとつピンと来なかった人もいたのではないだろうか。

ヒッグス粒子というのは、１９６４年にイギリスの物理学者ピーター・ヒッグス博士によって、その存在が予言された素粒子だ。素粒子というのは、この宇宙をつくる一番基本となる粒子のことで、素粒子の理論をまとめた標準模型では、17種類の素粒子があると予想されていた。

ヒッグス粒子はその中の1つの粒子で、簡単にいってしまえば、素粒子に質量を与える役割の粒子である。なぜ、そんな粒子が考えられたのかというと、素粒子の標準模型をつくっていく過程で、素粒子はもともと質量をもっていないという条件が出てきてしまったからだ。しかし、現実には質量をもった素粒子も観測されている。その問題を解決するために、もともと質量のなかった素粒子が質量を獲得するしくみを考えた物理学者が現れた。

ただ、最初にこのしくみを提案した物理学者はヒッグス博士ではなかった。論文を提出した順番からいうと、ヒッグス博士は3番目だったのだ。でも、ヒッグス博士は「そのしくみが存在すれば、素粒子に質量を与える新しい粒子があるはずだ」と新しい粒子の存在を予言した。そのために、予言された新粒子のことをヒッグス粒子といい、素粒子に質量を与えるしくみをヒッグス機構という。

この**ヒッグス粒子は、完全に理論によって考えられた粒子だ**。ヒッグス粒子は素粒子の標準模型の矛盾をうまく収めるように考えられたものなので、人間の都合がいいように考えただけではないかと批判的に受け止める物理学者もいたが、50年間、探し続けた末に、ようやく発見された。これはある意味で、物理学の勝利だといえる。

ヒッグス粒子が発見されたことで、この宇宙のしくみが1つ解き明かされたが、この宇宙の中でわかっていることは5％にも満たない。残りの95％を解き明かすために、日々、研究が続けられている。

天王星は横倒しで自転していた！

太陽系の惑星で7番目に位置する天王星は、自転の向きが少し変わっている。他の惑星は公転面と赤道面が平行に近い形で自転しているが、天王星の場合は、公転面と自転軸が垂直になっている。つまり、天王星は横倒しになったような形で自転している。

天王星の自転がなぜ、公転面と自転軸が垂直になっているのかはよくわかっていない。一説によると、**天王星が誕生した直後は、他の惑星と同じように公転面と赤道面が平行に自転していたが、大きな原始惑星と衝突して横倒しになったのではないかと考えられている。**

ちなみに、天王星には土星よりも細いもののリングが13本ある。それらのリングも天王星の自転の方向と同じように垂直に近い状態になっている。

火星には標高27㎞の山がある！

地球の隣に位置する火星は、太陽系の中で一番探査が進んでいる惑星だ。これまで、数多くの探査機が送りこまれており、火星の地形などを調査してきた。そのような調査から、地球では想像もできないくらいスケールの大きな地形が発見されている。

その1つが、オリンポス山だ。

この山は標高約27㎞と、地球で一番高い山であるエベレストの3倍以上の高さがある。しかも、裾野は６００㎞ほどに広がっているという。最近の研究結果から、**近くにある火山とともに、７０００㎞にも及ぶ火山帯を形成している可能性も出てきた。**

さらに、火星にはマリネリス峡谷という大きな谷もある。これは全長４０００㎞もあり、幅は大きなところで２００㎞ほどになっている。谷の深さは平均８㎞と、こちらも太陽系最大の峡谷である。

火星人の伝説は勘違いからはじまった？

広い宇宙の中で、生命の存在が確認されているのは、まだ地球だけだ。

だが、地球外生命体を求めて、たくさんの人たちが研究を進めている。地球以外の天体で、生命の可能性が最初に考えられたのが火星である。

19世紀の後半に、火星には人間のように知能をもった知的生命体がいるという説が発表され、世の中を大きく驚かせた。この発表をしたのは、アメリカの元実業家で天文学者に転身したパーシヴァル・ローエルだ。

ローエルがこの説を唱えるきっかけとなったのが、イタリアで観測された火星のスケッチだ。そのスケッチには長い溝のようなものが描かれていて、それが運河であると記されていたからだ。彼は、運河は船を移動させるためにつくられた人工的な水路で、運河があるということは、知的生命体がいるはずだと考え、私財を投じて天文台をつくり、火星の観測に明け暮れた。

そして、10年もの観測をおこなった結果、ローエルは「火星には巨大な運河が存在し、それをつくったのは火星人である」と発表した。この発表は、天文学者だけでなく、一般の人々にも衝撃を与え、たくさんの人たちが天体望遠鏡を買って火星を観測する火星ブームを巻き起こした。

だが、その後の観測によって火星に運河が存在するというローエルの主張は否定された。火星人もまだ見つかってはいない。ローエルが信じた火星の運河は初めから存在しなかったのだ。

ローエルに運河があると信じ込ませたイタリアでのスケッチには、「筋（すじ）」を意味するイタリア語である「カナリ」と表記されていた。それが**英語に翻訳されるときに「運河」を意味する「カナル」に誤訳されてしまったのだ**。もし、この誤訳がなかったら、ローエルの人生はもっと違ったものになっていたかもしれない。

地球人は宇宙人にメッセージを送ったことがある！

大昔、太陽や地球は特別な天体だと考えられていた。しかし、宇宙の観測が進むにつれて、太陽はこの宇宙に限りなく存在する恒星の1つであることがわかってきた。同時に、地球のような惑星もたくさんあることが、観測から明らかになっている。

自分たちが暮らす天体が特別なものではないことに、少しばかり残念な気持ちになる。だが、この事実は、私たちがこの宇宙の中で孤独な存在ではないことも告げているように感じる。というのも、地球が特別な天体でないのであれば、地球のようにたくさんの生命が暮らしている天体が存在する可能性があるからだ。

実は人類はまだ見ぬ地球外知的生命体に向けて、たびたびメッセージを送っている。

例えば、**1974年にプエルトリコのアレシボ天文台の電波望遠鏡からアレシボメッセージというものが送られた。アレシボメッセージには、人間が10進数を使うこと、DNAの化学式、太陽系の情報などが絵として描かれていて、数学の素数の知識を使うと復元できるようになっている。**

また、1970年代に打ち上げられたパイオニア10号、11号、ボイジャー1号、2号にはそれぞれ、地球外知的生命体に向けてのメッセージを積み込んでいる。だが、これらのメッセージを受け取ったという情報はない。もちろん、宇宙の知的生命体からの返事も届いてはいない。

宇宙人からメッセージを受け取った場合にどうすればいいか決められていた！

もし、私たち個人が何らかの方法で宇宙人からメッセージを受け取ったとしたら、どうすればいいのだろうか。

実は、宇宙人からメッセージを受け取った場合の対処法が、国際天文学連合によって決められている。

まず、宇宙人からメッセージを受け取った場合は、むやみに返事をしてはいけない。個人が受け取っているので、個人的に返事をしたくなってしまうのはしかたがないことだ。

でも、自分は気軽に個人的に返事をしたつもりでも、相手はそう思わないで、地球人を代表した返事だと思ってしまうかもしれない。

それがもとで関係がこじれてしまうと、個人では責任が取れなくなってしまうので、**まずは返事をしないで、それぞれの国の天文機関に連絡する。**日本の場合は国立天文台が代表機関である。そして、連絡を受けた天文機関から世界中の関連機関に連絡を取り、各国の首脳が協議する場を設けることになっているのだ。

宇宙人から、いつ、どのようなタイミングでメッセージが送られてくるかわからないが、受け取ったときは不用意に返事をしてしまわないように気をつけよう。

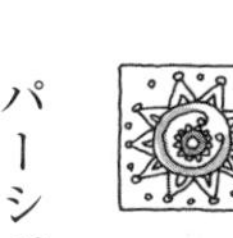

火星に生命はいるの？

パーシヴァル・ローエルは、火星には運河があって、火星人が存在するかもしれないと主張していた。

だが、1964年に打ち上げられたアメリカの火星探査機マリナー4号によって、その主張がまちがっていたことが明らかになった。マリナー4号が地球に送ってきたのは、荒涼とした火星の大地だった。そこからは巨大な運河はもちろん、生命の痕跡すら見つけることはできなかった。

それでは火星には生命が存在しないのだろうか。実は、これ以降の観測で、火星に生命が存在しうる条件がそろっていた可能性がいくつか報告されている。

まず、1971年に火星に送りこまれた探査機マリナー9号によって、火星に水の流れによってできたと思われる渓谷が発見された。

さらに、2000年代に入って、アメリカのマーズ・オデッセイ、マーズ・リコネッサンス・オービタ、ヨーロッパのマーズ・エクスプレスといった探査機が相次いで、火星の表面で液体の水が流れなければつくることができない地形を発見し、少なくともかつての火星の表面には液体の水があったと考えられるようになってきた。

そして、**2008年5月に着陸したアメリカの探査機「フェニックス」は、火星の北極地方の地面の中に氷らしきものを発見した。**この発見によって、火星の地下には今でも氷が存在する可能性が高くなり、生命の存在についてさらに期待をもてるようになった。

今まで火星と水の話をしてきたが、水と生命とどのような関係があるのかと思う人もいただろう。

実は、生命が存在するには、有機物、水、エネルギーの3つの存在が必要だといわれている。水が存在すれば生命が存在する可能性が高くなる。火星には映画に出てくるような火星人は存在しないかもしれないが、土の中には微生物が今でも存在するかもしれない。

土星の衛星に生命の可能性がある？

太陽系の中で生命が存在する可能性があるのは火星だけではない。土星の衛星エンケラドゥスにも生命が存在するかもしれないと考えられている。

だが、エンケラドゥスは、平均気温がマイナス140度ともいわれる極寒の地。太陽から届くエネルギーは地球の100分の1しかなく、表面が氷におおわれている天体だ。そのような場所に生命がいる可能性があるのだろうか。

実は、生命がいる可能性があるのは、エンケラドゥスの内部だ。エンケラドゥスは主星である土星や、他の衛星の影響によって内部に摩擦熱が生じていて、中心部分の温度が高くなっていた。そのため、**エンケラドゥスの氷の下には、海が広がっていることがわかってきた**。

研究者たちは、エンケラドゥスの海は地球の深海に近いのではないかと考えている。深海は太陽光が差し込まず、生き物が少ないのだが、ある特定の場所に行くと、生き物がひしめき合うように生息している場所がある。それが熱水噴出孔の近くだ。熱水噴出孔は海底火山の影響によって、地下から高温の熱水とともにたくさんの化学物質が噴き出してくる場所だ。

太陽光が届かないので、光合成によって栄養をつくることはできない。その代わりに、熱水噴出孔から噴き出してくる化学物質から栄養をつくる化学合成によって生きる生物がいる。そして、その周りには化学合成をする生物を食べる生物がやってきて、独特の生態系をつくり出している。

エンケラドゥスも中心部分で熱をもっているの

で、地球のように熱水噴出孔のような場所があってもおかしくはない。もしそのような世界があれば、氷の下に、独自の生態系を築いている生物群が存在しているかもしれない。

系外惑星って何?

地球外生命がいる可能性があるのは、何も太陽系だけではない。太陽系の外にも生命がいる可能性がある。というよりも、太陽系の外にこそ、生命は確実にいると考えられているといった方がいいかもしれない。太陽系の中と外では天体の数が圧倒的に違うからだ。

太陽系が所属している銀河系の中には2000億個もの星があるといわれている。そして、この宇宙には、大きさの大小があるにせよ銀河が1000億~1兆個もあるという。宇宙全体にある星の数は、数えようがないほどだ。

最近の観測によると、たいていの星は太陽のように自分の周りを回る惑星をもっているので、地球と同じような条件の惑星を見つけることができれば地球外生命が存在する確率が高いはずだ。そのような観点から太陽以外の星の周りを回る惑星の研究が進められている。ちなみに、このような惑星のことを系外惑星とよんでいる。

系外惑星の中でも、地球外生命のいる可能性があるものは、ハビタブルゾーンに入っていて、地球のように小さな岩石系の惑星であると考えられている。ハビタブルゾーンは生命居住可能域ともいわれ、惑星の表面で水が液体として存在することのできる温度になっている。

系外惑星は1995年にはじめて発見されて以来、加速度的に見つかっている。そして、2014年には系外惑星の候補は3600個以上にもなり、そのうちの1700個近くが確認された。それほどたくさんの系外惑星が発見されても、生命が存在する可能性のある惑星はとても少ない。条件を満たす系外惑星は数えるほどしか見つかっていない。

その中で生命が存在する可能性が最も高いと考えられているのがケプラー186fという惑星だ。

この惑星の直径は、地球の1・1倍ととても小さく、岩石でできている。しかも、主星のハビタブルゾーンに入っているので、生命が存在できるとされる条件をすべて満たしている。ただ、ケプラー186fは地球から500光年も離れていて、この惑星に本当に生命がいるかどうかを確かめる術がない。

現在は、もっと地球に近い場所で条件を満たしている系外惑星を探し、生命がいる直接的な証拠を捕まえようとしている。観測技術が進めば数十年後には、系外惑星に生命が存在する科学的なデータが得られるかもしれない。それを楽しみに待っていよう。

ブラックホールって本当にあるの？

SF映画などでよく登場するブラックホールは、近づいたものを何でも吸い込んでしまい、生きて帰ってくることはできない恐ろしい存在として描かれている。では、ブラックホールは映画や小説をおもしろくするための想像の産物なのだろうか。

実は、ブラックホールはこの宇宙に存在する。ブラックホールというと、宇宙にぽっかりと穴があいているイメージをもつかもしれないが、宇宙に穴があいているわけではない。実際のブラックホールは巨大な重力をもった天体なのだ。

ブラックホールを考えついたのは物理学者のカール・シュヴァルツシルトだ。今から約100年前の1916年に、アインシュタインが一般相対性理論を発表すると、彼はその理論から奇妙な天体ができることに気がついた。

一般相対性理論では、大きな質量をもつものは、周りの空間をゆがめることで大きな重力を発生させると説明した。そこで、シュヴァルツシルトが大きな質量をもったものがどのくらい空間をゆがめるのか計算したところ、物質の密度を大きくしていくと、光すらも抜け出すことができないほど巨大な重力をもつ天体になることがわかった。

光はこの宇宙で一番速いものだ。大きな質量をもつものの周りから離れるには速いスピードを出して、重力を振り切るしかない。光の速度でも脱出することができないということは、その天体の重力圏内に入ってしまうと2度と出てくることができないことを意味する。まさにブラックホールである。

シュヴァルツシルトの計算によると、地球と同じ質量の天体を半径9㎜以下の空間に詰めこむことができればよく、太陽くらいの質量だったら半径3㎞以下まで小さくすればブラックホールができるという。

シュヴァルツシルトは理論的にブラックホールのつくり方を示しただけだったので、多くの物理学者はそのような天体が本当にあるとは考えていなかった。だが、長い間研究を進めていくうちに、ブラックホールの存在が現実味を増し、その存在を信じる物理学者も増えるようになった。

そして、**1971年に、実際の宇宙の中で太陽**

の10倍ほどの質量をもつブラックホールが発見された。そのブラックホールははくちょう座の近くの領域に位置していたので、はくちょう座X‐1と名づけられた。それ以来、十数倍の質量をもつブラックホールがたくさん発見されている。

WONDERS OF EARTH | CHAPTER 3

3章

驚異的な生態がわかる！

「動物」のふしぎ

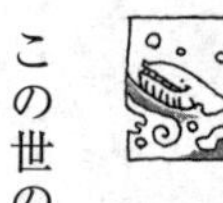

人間を永遠の眠りにつかせるハエがいる！

この世の中には危険な動物がたくさんいる。その危険の度合いは大きさとは関係がない。とても小さな動物でも、最も危険な動物の1つとして名前が挙がるのが蚊である。

蚊はマラリア、フィラリアなどの病原体を運び、毎年200万〜300万人の死者を出す。2014年夏に日本でも感染者が出て話題になったデング熱も、デングウィルスが蚊によって運ばれ感染していったものだ。

同じ小さな生き物でも、ハエは不衛生なだけであまり害がないと思っている人も多いだろう。しかし、アフリカには人間を死に追いやってしまう危険なハエがいるという。

それはツェツェバエというハエだ。ツェツェバエは、トリパノソーマという微生物を動物の体に送りこむ役割をしている。この微生物が体内に入ると、アフリカ睡眠病という感染症を引き起こす。この病気は、はじめに頭痛と発熱を生じ、睡眠時間が乱れてしまう。そして、生活リズムが昼夜逆転してしまい、そのうち、意識がもうろうとし、昏睡状態のまま死に至るという、恐ろしい病気なのだ。**アフ**

リカ中部を中心に7万人以上の感染者を出している。治療をしなければ確実に命を落とす病気で、医療設備の整っていない地域ではとても恐れられている。

人間10人を殺せるカエルがいる！

中南米のジャングルには、コバルトブルー、赤やオレンジ、黄色と黒のまだら模様など、とても鮮やかで美しい色をしたカエルが生息している。その美しさから、熱帯雨林の宝石ともよばれているほどだ。

しかし、うかつに手を出そうとするととても危険だ。なぜなら、そのカエルの仲間はヤドクガエルとよばれており、その名の通りとても強力な毒をもっているからだ。コロンビアの先住民族であるエンベラ族の人々が、このカエルから取れる強力な毒を吹き矢の先に塗って狩りをしていたことから、ヤドクガエルという名前がつけられた。

ヤドクガエルの仲間の中で一番強力な毒をもつのがモウドクフキヤガエルで、1匹で成人10人を死に至らしめるほどの毒をもっているという。ヤドクガエルの仲間がなぜ、これほど強力な毒をもっているのかは、まだよくわかっていない。

しかし、生まれ育ったジャングルから離れた場所で飼育すると毒がなくなってしまうから、彼らがよく食べているアリ、シロアリ、カブトムシなどを通して、植物性の毒を摂取しているのではないかと考えられている。また、最近ではヤドクガエルの毒から抽出された成分が鎮静剤として利用できるのではないかと研究が進められている。

ヤドクガエルの仲間は、強力な毒を武器にしているために、ジャンプ力や俊敏性はあまり発達していない。そのため、観賞用などのために人間に乱獲されたり、生息地となるジャングルが減ってしまったりして、絶滅の危機に瀕している。

50ｍも飛ぶイカがいる！

フェリーなどに乗って海を旅していると、ときどきトビウオの大群に出くわすことがある。トビウオは羽のように大きな胸びれをもっていて、それを利用することで空を飛ぶことができる。

トビウオが海面を滑空するのは、マグロやシイラなどの捕食者から逃れるため、寄生虫によるかゆみのためなど、いくつかの説がある。飛行距離は平均して１００～２００ｍほどだが、中には５００ｍ以上飛ぶものもいる。

トビウオが飛ぶ姿はとても不思議なものだが、それに輪をかけて不思議なものがある。なんと、イカの仲間にも空を飛ぶトビイカがいるという。**トビイカは本州の中部よりも南の海に生息し、沖縄などでよく見られる動物で、平均20～50ｍの距離を飛ぶという。**

トビイカは空を飛ぶ姿が目撃されたことから、その名前がついたのだと思うが、空を飛ぶのはトビイカだけではなさそうなのだ。２０１１年７月に１００匹ほどのスルメイカの大群が海面を飛ぶ様子が目撃された。

その飛行行動を観察すると、イカは体内にためた水を体の外に噴出することで、海面を飛ぶ力を得るという。これはロケットと同じ飛行原理だ。そして、えらを広げ、10本の足を丸めて翼のようなかたちをつくり、空中を滑空しているそうだ。スルメイカが空を飛ぶということは、イカの仲間は、私たちの知らないところで、海面を飛んでいるのかもしれない。

クジラが1時間以上潜水できる秘密は肺活量ではなかった！

海の中を悠々と泳ぐイルカやクジラ。その姿を見ていると、人間と同じ哺乳類とは思えないほどだ。でも、彼らはれっきとした哺乳類で、えらではなく肺で呼吸している。

イルカやクジラは海中に潜ってエサをとっているが、潜水能力は種類によってまちまちだ。体の小さいイルカの仲間は10分程度しか潜らないが、クジラの仲間は1時間近く潜るものが多い。

その中でも飛び抜けた能力をもっているのがマッコウクジラである。マッコウクジラは1回の潜水時間が2時間を超え、水深３０００ｍの深海にまで潜っていくことができる。

なぜ、そこまで深く潜ることができるのだろうか。10数mの体長から考えて肺活量が多いからだと思うかもしれないが、そうではない。実はクジラは肺呼吸をしながら海で生活できるように体の機能を特化させてきたのだ。

まず、クジラは海面に頭を出したときに、肺の中で二酸化炭素と酸素の交換を一気におこなうことができ、たくさんの酸素を体の中に取りこむことができる。それに加えて、血液の中では、酸素を運ぶヘモグロビンが大きいので、一度にたくさんの量の酸素を体の隅々に供給できるようになっている。

また、筋肉に酸素を溜めるミオグロビンの量が他の動物よりも多いので、体の中にたくさんの酸素を溜めこむことができるようになっているのだ。さらに、**潜水中に血液を重要な器官だけに送るように調整し、酸素の消費量を抑えるしくみをもっている。**

このような様々な機能が組み合わさり、長時間の潜水を可能にしているのである。

ナメクジに砂糖をかけても死ぬ！

ナメクジが出てきたときは、塩をかけろとよくいわれる。実際、塩をかけるとナメクジは小さくなって、どこかに行ってしまう。ナメクジに塩をかけると小さくなるのは、ナメクジの体の中と外で浸透圧というものが働くからだ。

浸透圧というのは、濃度が違う2種類の溶液が接したときに、同じ濃度になろうとする力のことをいう。ナメクジの体は90%が水分でできていて、比較的濃度が薄い溶液ということができる。しかも、ナメクジの皮膚は水を通しやすい構造になっている。そこに塩をたくさんかけると、**ナメクジの体の外側がとても濃い溶液になるので、浸透圧の作用によって体の内側と外側を同じ濃度にするために、体の中から水分が出てきてしまう**。塩をかけられると、ナメクジはすぐに逃げてしまうので、死んでしまうことはないが、これが進むと最終的には死んでしまう。

塩だけでなく、砂糖をかけた場合でも浸透圧は働くので、砂糖をかけてもナメクジは小さくなってしまう。

もし、塩をかけた後で、ナメクジを助けたかったら、水をかければいい。そうすれば、体の外側の濃度が低くなるので浸透圧によって水分が出てしまうのを防ぐことができる。

本当に「目からうろこ」が落ちる動物がいる！

あることがきっかけで、急にものごとがよく理解できるようになったり、迷いからさめたりすることを「目からうろこが落ちる」という。これは聖書の中に書かれている逸話から転じた言葉だ。その逸話は、目が見えなくなったサウロの目からうろこのようなものが落ちて、再び目が見えるようになったというものである。

実際に、人の目からうろこのようなものが落ちるのかは別にして、目の表面にある角膜を電子顕微鏡で見てみると、魚のうろこに似ている構造があるという。

目は、ものを見るために重要な器官であるとともに、脳ともつながっている。そこに、針のようなものが刺さってしまうと、命にも関わる事態になってしまうために、針などが簡単に刺さらないように、うろこのような構造をつくって目をガードしているのだという。

実は、人間ではなく、ヘビは目からうろこが落ちているらしい。**ヘビは目にもうろこがついており、そのうろこも一緒に脱皮するので、脱皮するたびに目からうろこが落ちているのだという。**

ピラニアはかなり臆病だった！

南米のアマゾンに生息する淡水魚のピラニアは、大型の動物にも襲いかかる肉食魚だ。とてもどう猛なイメージがある彼らだが、実際はかなり臆病な性質があるという。**ピラニアは観賞魚として飼育されることも多いが、単独や少数で飼育すると、水槽の奥の方にかたまってしまい、悠々と泳ぐことはないそうで**、群れで飼うことを勧められる。

実際、アマゾンでもピラニアは群れで生息し、よっぽどお腹がすいていない限りは、大型動物を襲ったりしないという。

また、水槽の前で大きな音をたてると、びっくりして暴れ回ってしまうという話も聞く。ピラニアといえども天敵は存在するので、そういった動物から逃れるために音に対して敏感なのかもしれない。

地球最強の生物は体長1㎜のクマムシ！

地球上で一番強い生物を挙げるとしたら、あなたは何を選ぶだろうか？　ゾウやライオンだろうか。はたまたカバを挙げるだろうか。

実は、この地球で最強の動物は他にいる。それはクマムシだ。クマムシは体長０・５～１㎜程度の小さな動物で、８本の足を使ってゆっくり歩くことから緩歩動物とよばれている。クマムシの仲間は世界で３５０種、日本だけでも１００種いるといわれている。

クマムシはかわいい名前をしているので、地球最強といわれてもあまりピンと来ないかもしれない。しかし、他の動物だったら死んでしまうほどの過酷な環境に身をおいても生き残ることができるのだ。

乾燥状態であれば、気温は１５０度からマイナス２００度くらいまで幅広い温度で生きることができる。低温には特に強く、これ以降温度が下がらないという絶対零度に近い温度になっても生きているという記録もあるくらいだ。

また、水がない乾燥状態でも数十年持ちこたえることができる。そのうえ、空気がない宇宙空間でも10日間生存することが確認され、７万５０００気圧の圧力にまで耐えられる。

なぜ、クマムシはここまで過酷な環境に耐えることができるのだろうか。実は、クマムシは乾燥したり、温度が低くなったり、酸素が少なくなったりと、生命の危機にさらされると樽のような形になる。これをクリプトビオシスという。

クリプトビオシスは、仮死状態に近いもので、これで危機的な状況をやり過ごす。そして、再びクマムシが活動しやすい環境になったら、普通の状態に戻って活動を再開するのだ。

ヤモリのクライミング能力は超最先端技術だった!

動物には、人間にない特殊な能力をもっているものがたくさんいる。そのよい例がヤモリである。

ヤモリは、壁はもちろん、ツルツルのガラスや天井までも自在に歩くことができる。日東電工というメーカーは、その吸着力をヒントにして、ヤモリテープという接着テープを開発しているほどだ。

吸着や接着というと、吸盤や接着剤などを使うが、ヤモリはそういうものを一切使わない。

ヤモリの足の指には、微細な剛毛がたくさん生えている。その剛毛は先の方で枝分かれしていて、先っぽがへらのような形をしている。この**へらのような部分で、静電気に似たような力を発生させ、壁やガラスなどにくっつくのだ**。ヤモリは足の指に生えた毛によって、接着面積を最大にして、1つ1つの部分にかかる負担を少なくすることで、驚異の吸着力をつくり出していた。しかも、この剛毛は角度を変えると接着面から簡単にはがすことができる。

この絶妙なバランスによって、ヤモリはどこでも自由自在に移動することができるのだ。

噛む力ナンバー1はイリエワニ！

動物が進化の過程で手に入れた画期的なもの。それはあごだ。初期の頃の動物はあごをもっていなかったので口は開きっぱなしだった。その口で海底の泥を吸い込み、その中から栄養分をより分けるという効率の悪い方法で、栄養補給をしていた。

あごを最初に手に入れたのは、初期の脊椎動物である魚の仲間だ。彼らは、あごをもつことによって、口を開け閉めして力強く噛むことができるようになった。そのおかげで、他の動物を捕獲することが簡単になり、現在の脊椎動物の繁栄につながっている。もちろん、私たち人間もあごの恩恵に大いにあずかっている。

最近の研究によると、ものを噛む力が一番強い動物は、イリエワニだという。**その力は、1平方cmあたり260kgもあったという。私たち人間がステーキを噛むときの力は1平方cmあたり10〜14kgなので、その18倍以上も強いことになる。**しかも、噛む力が強いというイメージのあるトラやライオンでさえ、1平方cmあたり70kg程度なので、動物の中で群を抜いている。

このときの調査に使われたイリエワニは体長5mのものだが、もし6mほどのワニだったら、1平方cmあたり540kgもの力があるのではないかと試算されている。この数字は恐竜のティラノサウルス・レックスの噛む力の推定値にも迫るものだ。絶滅したティラノサウルスがどの程度恐ろしいものだったのか、私たちは体験することができないが、巨大なワニを見れば、その一端を感じることができるのだ。

メダカは宇宙でも産卵できる！

人間は宇宙にまで進出することに成功した。現在、常時6人の人間が地上から400㎞離れた宇宙ステーションで暮らしている。ただ、宇宙ステーションでは1人の人間がずっと過ごすわけではなく、人員は6か月ごとに交代する。小説や映画で描かれる世界では、一部の人間が宇宙につくられたスペースコロニーなどに移住することもあるが、そのような時代はいつ訪れるのだろうか。

人類が宇宙に定住するためには、乗りこえなければならない課題がいくつかある。そのうちの1つが、宇宙で繁殖ができるかどうかということだ。

人間をはじめ、地球上の生物は、誕生以来、ずっと重力の影響を受け続けてきた。私たちはほとんど気にならないが、地球にいる限りは常に地球からの重力を感じながら生きている。しかし、宇宙空間に出ると、その影響はとても小さくなる。そのような環境下で生物は繁殖することができるのだろうか。

その疑問に答えるために、1994年にスペースシャトルに乗ってメダカが宇宙に行ったことがある。このときは、200匹の中から無重力環境に強いメダカが4匹選ばれて、旅立ったのだ。15日間のフライトの間に、4匹のメダカはしっかりと交尾をして、43個の卵が生まれ、8匹の赤ちゃんメダカがかえった。

地上に戻った後も、このメダカは親子ともども元気に過ごし、宇宙で生まれた卵も無事にふ化した。このメダカの子孫は希望者に分けられて、現在でも飼育されている。

ニホンウナギの産卵場所は川ではなくマリアナ諸島沖だった！

日本人が好きな食べ物としていつも上位にランクインするウナギが絶滅危惧種に指定されてしまった。この報道にショックを受けた人も多いのではないだろうか。ウナギは親ウナギも、稚魚のシラスウナギも、年々漁獲量が減っている。シラスウナギは1963年には1年間で232トンも獲れたが、2013年には5・2トンにまで減ってしまった。また、親ウナギの方も、45年間で90％近く減ってしまった。原因は乱獲、生息環境の変化などが挙げられる。

ウナギは世界に19種いて、日本人がよく食べているのはニホンウナギだ。でも、ニホンウナギの生態は長い間、謎に包まれていた。親ウナギは川で獲れるので、川辺や河口で一生を過ごすと思われていたのだが、実は違っていた。ウナギの仔魚を追っていったら、南太平洋の西マリアナ海嶺にいきついた。そして、**2009年にはじめて、西マリアナ海嶺の海山の1つでニホンウナギの卵が採取されたのだ。**

このような調査から、ニホンウナギは毎年、夏の新月の日に産卵し、そこから北赤道海流や黒潮などに乗って日本までやってくることがわかってきた。ニホンウナギはやっと産卵場所がわかっただけで、詳しい生態はまだ謎に包まれている部分が多い。

オシドリはおしどり夫婦ではなかった？

おしどり夫婦といえば、いつでも一緒にいて仲のいい夫婦のことを表す言葉だ。だが、現実のオシドリは本当に仲がいいのだろうか。調べてみると、カップルになったオシドリは、いつも一緒にいて仲がよさそう見える。オスはカップルになれなかった別のオスにメスを取られないようにするために、メスのそばから離れないようにしている。それだけでなく、タカなどの天敵が来たときも、身を挺してメスを守る。オスがおとりになってメスを天敵の目から逸らす役目をしているのだ。

ここまで話をすると、オシドリはやっぱりおしどり夫婦だったのではと思うことだろう。しかし、現実はちょっと違っていた。

メスが卵を産むと、オスはすぐにメスのもとを去ってしまうのだ。つまり、オスがメスを片時も離れず守ってくれたのも、卵を産むまでの間。**オスは自分の遺伝子を残すためにメスを守っていたわけだ**。そして、次の年になると新しい相手とカップルになるという。

人間からすればちょっと身勝手に見えるかもしれないが、オシドリが自分たちの子孫をしっかり残すために取った戦略なのだ。

キリンは20分しか寝ない?

キリンは、大きな体で長い首をもち、動物の中でも特殊な姿をしている。キリンはシカの仲間から分かれた動物だ。キリンの祖先は森の中で暮らしていて、体も小さく、首も短かったという。やがて、森を出て生活の場を草原に変えたのだが、このことをきっかけにして体が大きくなっていった。

草原は、森のように隠れる場所があまりないので、すぐに敵に見つかってしまう。そのような場所で生きていくためには、すばやく走れるようになるか、体を大きくするしかない。キリンの祖先は、体を大きくすることを選択し、足も長くなった。

昔は首の長い種と短い種の両方いたようだが、首が短いと、水を飲むときに前足や体を折り曲げる必要が出てくる。そうすると、肉食動物に襲われたときに、逃げにくくなってしまう。そのため、首の短い種は絶滅してしまったと考えられている。

また、首が長いと他の動物が届かない木の上の方にある葉を食べることができたり、敵の接近を早く知ることができたりなどの利点もある。そのような事情で、首の長い種が生き残ってきたのだろう。

キリンは常に、ライオンなどの肉食動物に命を狙われている。そのため、キリンは1回の睡眠を20分しか取らない。長い時間連続して寝ないことで、寝ているときに襲われる危険を少なくしているのだ。ただ、**キリンは1回の睡眠時間が短いだけで、1日の中で何度も睡眠の時間を取っている**。それをすべて合わせると1日に平均5時間ほどの睡眠時間は確保しているという。

サイの角は髪の毛だった？

鼻先に立派な角をもつサイ。その角は、さぞかし硬い骨でできているのだろうと思ってしまう。実際、牛やシカの角は、骨が成長して変化したものだ。

しかし、サイの頭部をレントゲンで撮影しても、角の骨を見ることはできない。なぜなら、サイの角は毛や爪と同じケラチンという成分でできているからだ。

平たくいってしまうと、**サイの角は毛が変化して硬くなったものなのだ。**だから、一生伸び続ける。そのため、サイは角を木などにこすりつけるようにして研ぎ、鋭くとがらせ、形を整えていく。けんかなどをして角が折れることもあるが、毛と同じなので、しばらくすると伸びてくるのだ。

タラバガニはカニではなくヤドカリの仲間だった？

北海道や北陸地方のグルメといって真っ先に出てくるのがカニ。一口にカニといっても、タラバガニ、ズワイガニ、毛ガニと実に種類が豊富だ。同じカニでも、種類が違うと、見た目も味も大きく違う。

例えば、タラバガニは体が大きく、全身にゴツゴツとしたトゲがある。4対8本の脚をもち、身の食べ応えはあるが、少し淡泊な感じだ。

一方、ズワイガニはタラバガニと比べると体は小さく、甲羅はツルツルとしている。脚は細く、5対10本ある。その一方で味は繊細で甘みが強いのが特徴となっている。

このような違いが出てくるのには理由がある。

実は、タラバガニは生物学上の分類からいくと、カニではない。**エビ目ヤドカリ下目タラバガニ科に属するヤドカリの仲間なのである**。ズワイガニはエビ目カニ下目ケセンガニ科に属するので、生物学上もカニの仲間になる。生物学上の分類で、見た目も味も大きく違っていたのだ。

ちなみにハナサキガニやアブラガニも生物学上はヤドカリの仲間だ。特にアブラガニはタラバガニと見分けがつきにくく、偽装表示をして売られて問題になったこともあるくらいだ。

初期の哺乳類はネズミのような動物だった？

地球の歴史を振り返ってみると、時代ごとに支配する動物が入れ替わってきたことがわかる。

現在、陸地を支配しているのは哺乳類だ。哺乳類は、ネズミのような小さなものから、ゾウのように大きなものまで約6000種が知られている。もちろん、ヒト、ゴリラ、サルなどの霊長類も哺乳類の仲間であるし、クジラやイルカのように海の中で生活する哺乳類もいる。

哺乳類も、現在はいろいろなタイプの動物が存在しているが、最初に登場したおおもとの動物はどのような姿をしていたのだろうか。

地球上に哺乳類の祖先が登場したのは、今から約2億5000万年～2億1000万年ほど前の三畳紀後期といわれている。ただ、この頃の哺乳類はまだ真の哺乳類ではなかった。真の哺乳類が登場したのは、恐竜が台頭したジュラ紀に入ってからだ。

この頃の哺乳類は体長10㎝ほどで、外見はネズミやリスに近い小型の動物だった。大型の恐竜などに捕まらないように夜間に行動し、昆虫や果物を食べていたらしい。

地球の片隅で生活していた哺乳類にとって大きな転機となったのが、白亜紀末に起こった大量絶滅だ。これは大きな小惑星が地球に激突したために起こったと考えられているが、地球を支配していた恐竜をはじめ、75％の生物種が絶滅したとみられている。そして、恐竜がいなくなった空白を埋めるようにして、哺乳類が広がっていったのだ。

マグロは眠りながら泳ぐ？

魚も人間と同じように酸素を体に取り入れて呼吸をしている。このように話すと、水中には酸素が存在しないはずなのにと不思議な感じがする人もいるだろう。空気の中には酸素そのものがたくさん存在しているが、水中には確かに気体の酸素は存在しない。

実は、酸素は水の中に溶けているのだ。魚は口の中に入ってきた水の中に溶けこんでいる酸素を、えらを通して体の中に取りこんでいる。たいていの魚は「えらぶた」というものを自分の力で動かして、水を取りこんでいるが、マグロは自分でえらぶたを動かすことができない。だから、マグロは口を開けて泳ぎ、そのとき発生した水流によってえらぶたを開けて海水がえらを通過するようにしている。

そのため、マグロは泳ぎを止めてしまうと酸素を体の中に取り入れることができずに死んでしまう。養殖しているマグロを観察していると、泳いでいるときに、急降下したように潜る動きを見せることがあるという。その後、すぐに元に戻るそうなのだが、それが人間でいうところの睡眠にあたるものらしい。

マグロはその構造上、完全に睡眠を取ることができない。その代わり、夜は体温を下げたり、泳ぐスピードを落としたりして、代謝を低くすることで、できるだけ体を休める状態を保っているという。

鳥の祖先は恐竜だった？

三畳紀の後期から地上に現れ、その後、1億数千年もの間、地球上の覇権を握った恐竜。地上最強の動物といわれながらも、今から6500万年ほど前に絶滅してしまった。恐竜といえば、昔は爬虫類に近いもので、体がうろこにおおわれている想像図が多かった。しかし、現在は、鳥に近い動物であったと考えられるようになっている。

鳥の起源は、始祖鳥発見以来150年間、あまりよくわかっていなかった。しかし、最近になって中国で羽毛のある恐竜の化石が相次いで発見され、鳥の恐竜起源説が信憑性を増すようになった。だが、鳥と恐竜の間には、大きな謎が残されていた。

鳥と恐竜は、前脚の指がともに3本なのだが、鳥は「人差し指、中指、薬指」の3本が成長すると考えられていたのに対し、恐竜の場合は、小指と薬指が退化した跡が残っている化石が発見されていたために、「親指、人差し指、中指」の3本が残るとされていた。

鳥の恐竜起源説は、鳥と恐竜の指の違いがネックとなっていた。ところが、最近、ニワトリを使って実験したところ、前脚の指は恐竜と同じ、「親指、人差し指、中指」の3本であることが示された。現在は、鳥は肉食恐竜の一部から進化した動物だと考えられている。

さらに、2014年には、シベリアの約1億6000万年前の地層から、二足歩行でくちばしのある新種の恐竜の化石が発掘されたという論文が発表された。

その論文によると、その新種の恐竜にも羽毛の痕跡が残されており、羽毛が生えていたと考えられる恐竜の種類は大幅に増えた。つまり、**初期の爬虫類がうろこを羽毛に変化させ、恐竜へと進化していった可能性が出てきたのだ。**

コウノトリが農業に協力している？

コウノトリは日本の特別天然記念物にも指定されている鳥で、世界的にも絶滅が危惧されている。

日本にもかつてコウノトリがたくさん飛んでいたが、水田を荒らす害鳥として駆除されたり、自然破壊などのために1971年に絶滅してしまった。

その後、兵庫県豊岡市では、コウノトリを野生に復帰させようと人工飼育に取り組み、2005年に放鳥されるまでになった。コウノトリの野生復帰を支えるために、兵庫県豊岡市では有機物を活用し、農薬や化学肥料を減らす「コウノトリ育む農法」をはじめた。

この農法では、田んぼの中でイトミミズをはじめ、オタマジャクシ、メダカ、ヤゴなどの生き物がたくさん住んで活動できるように工夫を凝らしている。その結果、1年を通して、コウノトリのエサとなる昆虫や魚などが田んぼで育まれる。実際、放鳥されたコウノトリはこれらの生物を食べるために、田んぼの中に降り立つこともあるという。

「コウノトリ育む農法」に取り組むことで、米の収穫量は2割ほど減ってしまう。だが、豊かな自然環境をもたらし、減農薬のおいしい米が収穫できるために、高い値段で取引されるという。その影響もあって、栽培面積は増えているそうだ。

クジラの祖先はイノシシだった?

哺乳類は地上で生まれ、様々な場所に適応し、その種類を増やしていった。だが、すべての種が地上にいるわけではない。その中のいくつかの種は活動の場を海に求めていった。そのような動物から進化したのがクジラやイルカであると考えられている。

クジラの祖先は、四肢の先に蹄をもつカバやイノシシに近い動物だったと考えられている。**水辺で魚を獲って食べる動物が、次第に水中生活へ適応していったのだろう。**

最古のクジラとして知られているのは、パキスタンで発見されたパキケトゥスとよばれる動物だ。パキケトゥスは、水中で音を聞くしくみがほとんど発達しなかったために、現在のアザラシのように陸上にいることが多かったのではないかと考えられている。

その後、プロトケトゥス、バシロサウルスなどの動物が現れた。体は水の抵抗をなくすような形になり、四肢はヒレなどに変化して、哺乳類よりも魚類に近い姿へと変化していった。

イッカクのツノはとても長い歯だった！

皆さんは、イッカクという動物を知っているだろうか。体長4〜6mほどのイルカの仲間である。その最大の特徴は頭部にあるツノのようなものだ。長いものでは3mほどにもなるという。

このツノ**に見えるものは、実はイッカクの歯が変形したものだ。**オスのイッカクは2本生えている歯のうちの1本がねじれながら長く伸び、牙のようになるという。たまに、メスも小さな牙をもつこともあるが、オスのように目立つものではない。

イッカクのオスがなぜ長い牙をもつようになったのかは、まだ謎に包まれている。メスを惹きつけるための道具や、オスの優劣を競うためのものという説が有力であるが、はっきりとしたことはよくわかっていない。

亀の甲羅は肋骨だった!

背骨をもっている脊椎動物の仲間には変わった姿の動物がたくさんいる。その中でも、特に変わっているのが硬い甲羅をもっているカメの仲間だ。

標本などを見てみると、甲羅の中は空洞になっていて、背骨がないように見える。脊椎動物の仲間なのに、背骨はいったいどこに行ってしまったのだろうか。

標本をもっとよく見てみると、カメの背骨は意外なところにあった。甲羅を内側から見ると、背骨は甲羅にくっついていた。つまり、カメの甲羅は肋骨が変化したものだったのだ。

普通、肋骨は背骨から腹側に平行に伸びる。しかし、カメの場合は、背骨から放射状に広がって、隣同士の骨がくっつき、骨性の板をつくっていた。

卵の中でカメがどのように成長するのか観察したところ、**カメは途中まではニワトリやマウスと同じように成長していくが、ある段階にくると背側にとどまった肋骨が肩甲骨に覆い被さるように放射状に広がって、甲羅をつくるようになるという。**

肋骨は体の内側で内臓を守るために発達する骨であるが、カメの場合は他の動物とは違い、体の外側に出て体を守っていたのだ。

パンダは「6本の指」をもっている！

動物園の人気者、ジャイアントパンダ。パンダは竹を食べることで有名で、いつでも竹を食べている印象がある。人間は、手についている5本の指のうち、親指だけが離れているので、親指と他の指を向かい合わせにすることでものをつかむことができる。

しかし、パンダに近いクマなどは前足の指がすべて同じ方向を向いているので、ものをつかむことができない構造になっている。実際、パンダも前足の5本の指はすべて同じ方向を向いているので竹をつかむことができないはずである。

しかし、そのような手をしているにもかかわらず、パンダは悠々と竹をつかんでいる。それを可能にしているのが、手首のところにできている出っぱり。この出っぱりは人間の親指のように見えるので、第6の指ともよばれているが、これは手首の骨が変形してできたものだ。この**第6の指は、他の指のように動くことはなく、竹を挟んで食べるためだけに特殊化したものである。**

カウボーイのようにハンティングをするクモがいる!

クモといえば、すぐに連想するのが巣だ。粘着性の高い糸で巣をつくり、そこにエサとなる昆虫が引っかかるのをじっと待つという姿が頭に思い浮かぶ。しかし、世の中には巣をつくらずに獲物を捕らえるクモがいるという。それがムツトゲイセキグモだ。

このクモは、**自分の体から出てくる糸で粘球という球をつくり、それを回転させてガを捕獲してい**

る。その様子が投げ縄で相手をハンティングしているように見えることから、ナゲナワグモという通称がついている。

ナゲナワグモという名前がついていることで、このクモは積極的に相手をハンティングしているように思うかもしれない。だが、実は、ムツトゲイセキグモは投げ縄のように粘球を投げてエサとなるガを獲っているわけではないのだ。

このクモは、特定のガのオスが好むフェロモン物質を出して、オスのガをおびき出している。ガが近づいてくると粘球のついた糸を回して、ガが通りかかるのを待つのだ。そして、粘球にガの体がぶつかると、粘球が破裂して粘性の高い液体が飛び散りガの自由を奪う仕組みになっている。

ムツトゲイセキグモは他のクモよりも手の込んだしかけをつくっているが、こうすることで、狙っているガを確実にしとめることができるのだ。

なぜダイオウイカはあんなに大きくなったのか？

日本のテレビ番組が、世界で初めて深海で泳いでいる姿をとらえたことで一躍注目の的となったダイオウイカ。ダイオウイカは大きいもので全長10mを超える巨大な生物で、地球上で最大の無脊椎動物である。記録によると、これまで発見された中では全長18ｍのものが最大だという。ただ、これはあまり信頼性が高くはないらしい。

信頼性の高いものでこれまで最大のダイオウイカは１９６６年に大西洋のバハマ沖で捕獲された全長14・３ｍの個体だ。２本の長い触腕を除いた長さは７ｍ、胴の部分は３ｍだったという。ダイオウイカは深海に住んでいることから、その生態はあまり詳しく知られてはいないが、このときのダイオウイカの体を調べてみると、３年くらいで14・３ｍにまで成長したことがうかがえるという。

スルメイカは1年で体長30㎝にまで成長し、卵を産んで死んでしまうことから、ダイオウイカも体が大きくなって卵を産んで死ぬと考えられている。14・３ｍのダイオウイカが3年でそこまで成長したことを考えると、寿命も3年ほどではないかと推測されている。

ダイオウイカがなぜ、これほどまで大きくなったのかは、いくつかの説があるが、深海の世界は単調で隠れる場所が少ないために、外敵などに襲われないように体が大きくなっていったのではないかという説が有力のようだ。しかも、ダイオウイカの場合は、**マッコウクジラという捕食者が深海まで潜って襲ってくるために、それに対抗するように巨大化**

したのではないかと考えられている。

映画『風の谷のナウシカ』の王蟲（オーム）のようなダンゴムシがいる！

深海の不思議な生物として、最近、人気が高くなっている生物にダイオウグソクムシがいる。ダイオウグソクムシは水深200〜1000mの深海底に生息し、成体になると体長40〜50㎝、体重1kg以上になるといわれている。ダンゴムシと同じ等脚目の仲間であることから、世界最大のダンゴムシとして注目されている。その風貌は、映画『風の谷のナ

ウシカ』に出てきた王蟲（オーム）を彷彿とさせるところが、人気の原因なのかもしれない。

ダイオウグソクムシは甲冑（かっちゅう）を着ているように厚い甲羅でおおわれていることから、甲冑を表す具足の名前がついている。深海にはエサとなる生物が少ないため、海底に沈んできた生物の死骸などを食べて生きている。

鉄のうろこをもつ巻き貝がいる！

深海の世界にはおもしろい動物がたくさんいる。その中の1つがスケーリーフットとよばれる巻き貝の一種だ。スケーリーフットは、私たちがよく目にするカタツムリの仲間でもあるが、1つだけ大きく違うところがある。何と、スケーリーフットは体が鉄のうろこでおおわれているのだ。ちなみにスケーリーフットという名前は、翻訳すると、「うろこにおおわれた足」という意味になる。

私たちの体の中にも鉄をはじめとする金属の成分が入っているが、それはイオンなどの形で少量存在するだけだ。**体の構造そのものが鉄でつくられている生物はスケーリーフット以外、知られていない。**スケーリーフットが、なぜ、鉄のうろこをもっているのか、そして、それをどうやってつくっているのかなどは、謎に包まれている。

スケーリーフットのうろこは、細かい鉄の粒子でできている。その細かさは人間ではつくることができないほどだという。もし、うろこのつくり方が解明されれば、コンピュータの記憶装置を小型化させるといった技術に応用できるという。

ヒラメとカレイって顔の向きが違うだけ？

ヒラメとカレイは、同じように平べったい魚で見分けにくい。この2つの魚は両方ともカレイ目に属するので、似ているのはしかたがないことだ。ヒラメとカレイを見分けるには、一般的に腹を手前に置いたときに、顔が右を向くのか、左を向くのかで見分けられるといわれている。いわゆる「左ヒラメに、右カレイ」というやつだ。だが、カレイの中には顔が左側を向いているヌマガレイという魚もいて、顔の向きだけでは一概に見分けることができないのだ。

ヒラメとカレイを見分けるには、顔の向きではなく、顔そのものを見るといい。**ヒラメはイワシやアジをエサにしているので、大きく尖った鋭い歯をもっている**。そのため、口が大きく、怖い顔をしている。それに対してカレイはワムシやゴカイを食べるので、歯が小さく優しそうな顔をしている。歯の形や顔つきで比べると、ヒラメとカレイの違いがよくわかり、すぐに見分けることができるだろう。

不老不死のクラゲがいた！

老化や死は人間にとっては恐怖の原因ともなる。誰もがいつまでも若くいたいし、長生きしたいと思っている。そんな人間の願望を叶えてしまった生物がいるという。それがベニクラゲだ。

卵から生まれたクラゲは、1度幼生として泳ぎ回るが、海底などに付着してイソギンチャクのようなポリプという状態になる。このポリプが育ってくると、体がくびれてきて、そこから無性生殖でたくさんの若いクラゲが生まれ、海の中を漂うようになる。そして、クラゲが成長すると、子孫を残して死んでしまう。

しかし、**ベニクラゲの場合は、成長したクラゲが再びポリプに戻ることが確認されている。**いわば死の直前の老人がもう一度若々しい状態に戻る若返りが起きたことになる。もちろん、すべてのベニクラゲが若返るわけではない。ベニクラゲは成長しても体長1㎝ととても小さい動物で、常に死の危険と隣り合わせにいる。そのような環境で生き残った個体の寿命を伸ばすことで、種全体が生き残るという知恵なのだろう。

マグロは時速80㎞で泳いではいなかった！

魚が泳ぐスピードは謎に満ちている。しばしば、水中で最速の魚としてバショウカジキが時速100㎞以上で泳ぐと紹介されることがある。また、寿司ネタとしてもおなじみのマグロの遊泳速度は時速80㎞とされている。これらの数字はいろいろなところで紹介されているので、多くの人が信じているが、最近の研究から、魚はこれほど速く泳いでいないことがわかってきた。

魚の体に超小型センサーをつけて泳ぐときのスピードを測ってみたところ、クロマグロが泳ぐスピードは時速7㎞ほどだったという。この数字は、地上での速度から類推するととても遅いように感じてしまうが、水の抵抗が大きくかかってくる海の中ではとても速いスピードなのだ。

魚の泳ぐスピードを精密に測る方法はこれまでほとんどなかった。魚の速度は、1960年代に発表された論文でいくつか掲載されているくらいだ。

その論文の中に、マグロが最大で時速90㎞、カジキが最大で時速130㎞のスピードを出すと書かれていたことから、これらの数字が広まっていったのだと思われる。

だが、このときは、釣り竿に引っかかった魚がリールから糸を引き出す速度から、魚が泳ぐ速度が計算されている。計測するときに、時速80㎞くらいの速度が一瞬出たのかもしれないが、これは自然の状態とかけ離れている。しかも、測定方法に厳密性が欠けていたので、実際の速度とかけ離れた数字が出てしまったのだろう。

昆虫の目から見れば人間の動きはスロー？

昆虫は人間よりもすばやい動きをする。チョウやトンボを捕まえようとゆっくり近づいていっても逃げられてしまうし、腕に止まった蚊を叩きつぶそうとしても、自分の腕だけをはたいてしまうことがよくある。

昆虫は自分たちが生き残るために、外敵に対してすばやく反応する。

例えば、ヒキガエルは舌を伸ばしてエサとなる昆虫を捕獲する。そのエサの1つとなるワモンゴキブリは、ヒキガエルの攻撃から逃れるために、舌が動こうとするときに発生する風を感知すると、すぐに体を回転させて逃げはじめるという。その間、わずかに０・０２２秒だという。ヒキガエルが相手に向けて舌を伸ばしきるまでにかかる時間が０・１秒ほどなので、それより短い時間に反応しないと食べられてしまうから、ワモンゴキブリは必死になって逃げるのだ。

ワモンゴキブリの反応速度は人間の反応速度の10倍も速いという。ハエや蚊からすれば、人間が必死になって叩こうとしても、スローモーションのように見えているのだろう。

靴を履いていないのにペンギンの足が凍らないのはある構造のおかげだった！

南極に暮らす動物と聞いて、ペンギンの姿を思い浮かべる人は多いだろう。

ペンギンは氷や雪の上を歩いたりするが、足下をよく見てみると、ペンギンの足は羽毛などにおおわれていない。人間だったら靴を履かずに氷の上には立っていられないのに、なぜ、ペンギンは足がむき出しのままでも氷の上で平然と生活ができるのだろうか。

実はペンギンの足は胴体などに比べると温度が低いそうだが、ペンギンの足には温度が極端に低くならないような工夫が施されているという。動物の体温は血液によって維持されている。だが、血液の温度はすべて一定ではない。心臓から体の隅々へと運ばれる動脈の血液は温かく、体から心臓に戻ってくる静脈の血液は冷たくなっている。

ペンギンの足のつけ根の血管は、動脈の周りに静脈がグルグルと巻き付くような構造をしている。この構造によって、動脈の血液の熱が静脈の方に移り、血液全体が一定の温度を保ち、足が凍りつくのを防いでいるのだという。

マンボウは浮き袋をもっていない！

多くの魚は、気体の入っている浮き袋をもっている。この浮き袋の体積を調節することで、体を浮かせたり、沈めたりする。

ところが、大きな体をもつマンボウには浮き袋がついていない。いくら魚といっても、浮き袋がなければ、体はどんどん沈んでいってしまうはずだ。ではマンボウは、いったいどうやって体を浮かせているのだろうか。

調べてみると、マンボウは皮膚のすぐ下にゼラチン質の分厚い皮下組織をもっていた。この皮下組織は成分の96％が塩分の薄い水だった。水は塩分が薄い方が、密度が小さくなって、浮きやすい。マンボウの皮下脂肪はとても多く、体重の40％も占めるほどだ。当然、皮下脂肪のつくる浮力は大きなものになる。つまり、**マンボウの皮下脂肪は浮き袋としての役目を果たしていたのだ。**

マンボウが他の魚と同じように浮き袋を使わないのは、エサの取り方にあると考えられている。ふつうの魚はエサをとるために、主に水平方向に移動していく。だが、マンボウは水面近くから水深150mくらいの深さまでを行ったり来たりしながらエサをとっている。浮き袋は水圧によって体積が変化していくので、浅い場所と深い場所を行ったり来たりしていたのではすぐに壊れてしまう。

そこでマンボウは皮下組織を浮き袋代わりに使うことにしたのだろう。ゼラチン質の皮下組織はほとんど水でできているので、深さによって体積が変化せず、深さを気にすることなく海中を自在に泳ぐことができるのだ。

イルカが人間の言葉を話すようになった？

イルカやクジラの仲間は超音波を使って、ラブソングを歌ったり、仲間とコミュニケーションを取ったりする。これは仲間内での共通の言葉をしゃべっているようなものだ。さらに、イルカは人間の言葉も理解できるという。

2014年8月に、東海大学の村山司教授が、イルカが人間の声をまねて言葉を発することができるという発表をして話題になった。

村山先生たちは、鴨川シーワールドで飼育されている推定年齢29歳のシロイルカのナックに、人間の言葉をしゃべらせることに成功した。イルカは頭の上に、人間の鼻にあたる小さな呼吸孔があり、ここから鳴き声を出すという。この鳴き声は仲間同士のコミュニケーションでも利用する。ナックが人間の言葉を話すときは、この呼吸孔を使う。

ナックの言葉の訓練は2003年からスタートしている。これまで、足ひれを見せると高い音を、バケツを見せると低い音を出すというように、見せたものに対応する形で鳴き声を変えることに成功し、記号を使って三段論法と同じ思考ができることも確認している。

今回は、飼育員が「ピヨピヨ」「おはよう」など話しかけると、ナックが同じ言葉を返すことが確認された。**まだ人が言った言葉をそのまま返す段階だが、人間の言葉を理解して、音で表現すること**

が実現できている。ナックが言葉の意味を理解して発音することができるようになれば、種を越えて人間とイルカが会話をすることが実現するかもしれない。

WONDERS OF EARTH | CHAPTER 4

4章

実はよく知らない！「ニュース・新技術」のふしぎ

光化学スモッグの原因は太陽だった！

夏になると、都市部を中心に光化学スモッグが起きやすくなる。光化学スモッグが起きると空に霞（かすみ）がかかったように見通しが悪くなり、目がちかちかしたり、のどが痛くなったりしてしまう。

スモッグは汚染物質が浮遊することによって見通しが悪くなる状態のことをいう。最近では、中国から微細な浮遊物質であるPM2・5がやってきて話題になっているが、そのような微粒子などで見通しが悪いだけだと単にスモッグが発生したということになる。

では、光化学スモッグとはどんなものなのだろうか。

光化学スモッグは大気汚染の一種で、オゾンやアルデヒドなどといった酸化性物質（オキシダント）が、空気中の微粒子などと混ざって見通しの悪い状態をつくってしまうことをいう。光化学スモッグのキーポイントとなるのがオキシダントの発生だ。オキシダントが発生することで、目がしみたり、のどに痛みを感じたりと人体に悪影響が出てくる。

オキシダントのもととなるのは、自動車や工場などから排出される窒素酸化物や有機化合物である。これらの物質が太陽光の中に含まれている紫外線に当たるとオゾンやアルデヒドなどが発生する。

つまり、**光による化学反応で生まれるオキシダントを含むスモッグなので、光化学スモッグとよばれるのだ**。

光化学スモッグは、気温が高く、紫外線の量が多く、風が弱いときに発生しやすい。紫外線は雲ではあまり遮られないので、曇りの日でも光化学スモッグは発生する。このような条件がそろったときは、外出を控えた方がいいだろう。

iPS細胞とは何にでも変身できる細胞だった？

2014年9月、兵庫県神戸市の病院で、世界ではじめてiPS細胞を使った手術がおこなわれた。年齢を積み重ねることによって目が見えにくくなる病気である加齢黄斑変性（かれいおうはんへんせい）を治療するために、iPS細胞からつくった網膜の細胞を移植する手術がおこなわれることになった。9月の手術はその1例目だ。

この手術をするまでにはいくつかのステップで準備が必要だ。まず、患者本人の皮膚の細胞からi

ＰＳ細胞をつくる。そして、そのｉＰＳ細胞を網膜の細胞に変化させる。もちろん、その間に、移植する細胞の安全性もチェックする。そうして、やっと移植することができる。

　ところで、そもそも、ｉＰＳ細胞とはどのような細胞だろうか。人間の体は37兆個の細胞でできているといわれているが、もとをたどれば1つの受精卵にいきつく。人間の体は、皮膚、髪の毛、筋肉、脂肪、骨など、様々な役割をする専門の細胞が集まってつくられているが、それらの細胞はもともと1つの細胞が分かれたものである。このように1つの細胞から様々な役割を持った細胞に分かれ、生物の体がつくられていくことを発生という。

　発生の過程を大まかに説明すると、最初の方では幹細胞という体の中の様々な細胞になることができる細胞が生まれて、分裂していく。そして幹細胞から、筋肉、骨、皮膚などの体のパーツとなる細胞に分かれ、成長していく。細胞は個々のパーツの段階まで分化し、他の細胞になることはできない。例えば、皮膚の細胞は皮膚の機能を発揮するようにプログラミングされる。

　ｉＰＳ細胞は、この細胞のプログラムを消去して、幹細胞のような状態にまで戻した細胞で、日本語では「人工多能性幹細胞」とよばれている。現在、京都大学iPS細胞研究所の所長を務めている山中伸弥教授は、2006年にマウスの皮膚の細胞からiPS細胞をつくることに成功した。

iPS細胞は、再生医療や新しい薬の開発に有効に利用できるのではないかと期待されている。再生医療では、iPS細胞からいろいろな臓器の細胞をつくって、患者の体に移植することで、失われた機能が再生できるのではないかと考えられている。冒頭で出てきた加齢黄斑変性の手術も再生医療の1つだ。

さらに、治療法のわからない病気についても、患者の細胞からiPS細胞をつくり、病気になって

いる部分と同じ細胞をつくることで、病気のメカニズムや治療法がわかるかもしれないと期待されている。

ｉＰＳ細胞は、細胞のプログラムを消去できることを実証し、新しい医療が切り開かれるという期待感が高い。その功績をたたえて、２０１２年に山中伸弥教授へノーベル生理学・医学賞が贈られた。

メタンハイドレートは燃える氷だった？

日本は国土が小さく、資源が少ない。だが、日本の近海には新しい資源が大量にあるといわれている。その代表的なものがメタンハイドレートといわれるものだ。

メタンハイドレートとは、水の分子がメタンの分子を取り囲むようにして結晶化した物質だ。人工のメタンハイドレートだと白く、**触ると冷たい氷のようで、火を近づけると燃えはじめることから、「燃える氷」と呼ばれることもある**ふしぎな物質だ。

この物質は、圧力が高く、温度の低い場所につくられているので、その場所の温度を上げたり、圧力を下げたりすることで、天然ガスの主成分であるメタンを取り出すことができる。

日本周辺の海域には、日本列島に沿うようにメタンハイドレートが凝集している地層があると考えられている。

その中の1つである静岡県沖から和歌山県沖に広がる東部南海トラフとよばれる海域には、日本が2011年に輸入した液化天然ガスの5・5倍にあたるメタンガスが存在すると試算されている。他の海域でのメタンガスの量はまだはっきりとわからないが、メタンハイドレートは日本にとって、とても大きな天然ガス供給源となるはずだ。

日本では2013年3月に、世界ではじめて海洋でメタンハイドレートからメタンガスを生産する実験をおこない、6日間で合計12万立方mのメタンガスを生産した。

今後は、実験データを解析して、効率よくメタンガスを生産する方法を探り、商業化へ向けてさらに実験を重ねていく予定になっている。

太陽電池は水力や火力と違いタービン式の発電機を回していない！

私たちの生活はたくさんの電気によって支えられている。これまで人間は、水力、火力、原子力といった力を使って電気をつくってきた。でも、基本的なしくみはどれも一緒で、タービン式の発電機を回して、電気を発生させている。水力発電の場合は水が高いところから低いところに移動する力を使ってタービンを回していて、火力発電と原子力発電は、それぞれの力でお湯を沸かし、そこで発生した水蒸気がタービンを回しているのだ。

それに対して、太陽電池はタービンを回さずに太陽光から直接電気をつくることができる。光が物質にあたると電子が飛び出す光電効果という現象がある。この現象はアインシュタインによって説明されたものであるが、太陽電池はこの光電効果を応用してつくられている。

つまり、**光のエネルギーで物質の中の電子を弾き飛ばすことによって電気が流れるしくみになっているのだ。**

このようにいうと、とても簡単なことのように感じるかもしれないが、光電効果を利用して、光を電気に変換するのはとても難しい。光を効率よく電気に変える物質がなかったからだ。

その状況を大きく変えたのが、シリコン半導体だ。トランジスタを発明したアメリカのベル研究所の研究員が、シリコン半導体を使って効率のいい太陽電池を発明したことによって、実用的な太陽電池が生まれる道が開けた。

現在では、太陽電池の効率も上がってきて、大規模な太陽光発電所も登場するようになっている。

新幹線は止まりながら発電する！

電気を使って走る新幹線は、消費電力を少しでも節約しようと、空気抵抗を少なくしたり、モーターの性能を上げたりして、工夫を重ねている。そのおかげで、東海道・山陽新幹線の最新型車両であるN７００Aは、初代の０系新幹線と比べ、20％以上速い時速２７０㎞を出せるのに、消費電力が32％も削減されている。

新幹線の消費電力を抑える大きな武器となっているのが動力源のモーターである。ふつう、モーターは出力を高くしようと思うと重くなってしまうが、N７００Aでは、出力が高いのに軽いモーターを開発し、加速の性能と消費電力とのバランスを取っている。

さらにこの新幹線には、電力消費量を抑えるための大きな技術が導入されている。それが回生ブレーキだ。

電車では、車輪を止めるときはディスクブレーキというものを使って、車輪を両側からディスクで挟み込むような形で止めるのが一般的だ。この場合、車輪は止まるものの、これまで車輪を動かしていたエネルギーは摩擦熱に変わるだけで、エネルギーとしてはムダになっていた。

しかし、回生ブレーキは止まるときに、同時に発電をしてしまうのだ。このブレーキは、**モーターから電気を取り出して車輪の回転エネルギーを奪っていくことで、電車を止める仕組みになっている。**

回生ブレーキが採用されたのは3代目の300系新幹線から。ディスクブレーキと回生ブレーキを組み合わせることで、新幹線は安全で電力消費を抑えたムダのない運転をしている。

海水の温度差でつくられる電気がある！

沖縄の久米島にはちょっと変わった発電施設がある。その発電施設では海水の温度差を利用して発電する海洋温度差発電がおこなわれている。海水は、太陽光がよく当たる表層の部分は暖かいが、水深600〜1000m付近の深層になってくると温度が下がる。その温度差を利用して電気をつくるのが海洋温度差発電だ。

海洋温度差発電は表層と深層の海水をそれぞれ汲み上げて、暖かい表層の海水でアンモニアを暖め、アンモニアの蒸気をつくり、発電機のタービンを回す。そして、冷たい深層水で冷やすことでアンモニアを液化して、循環させている。

久米島発電施設は海洋温度差発電の実証実験のプラントで、50kWの発電設備を2基つくり、2013年から2年間の予定で運転されている。

実は海洋温度差発電は、世界の中でも日本がリードしている発電方式で、実証実験プラントが稼働しているのは世界初のことなのだ。将来は1MWクラスの発電設備を建設し、商業化を目指しているという。

燃料電池は実質「小さな発電施設」だった！

二酸化炭素を排出しない発電方法として注目を集める燃料電池。電池という名前から、乾電池やリチウムイオン電池と同じような目で見てしまうが、これらの電池とは一線を画すものなのだ。燃料電池とは、燃料を入れることで電気をつくる装置のことだ。ここで燃料といっているのは、主に水素だ。水素と酸素を使って電気をつくる。

水素と酸素の反応で一番簡単な方法は、燃やすことだ。でも、それでは電気をつくることはできない。そこで、燃料電池は特殊な膜を使い、水素イオンと酸素イオンをつくる。そして、水素イオンと酸素イオンをくっつけて電気をつくっている。

学生のときに、水に電気エネルギーを加えて、水素と酸素に分解する、水の電気分解について習ったことがある人はそれを思いだしてほしい。燃料電池は、ちょうどこの逆の反応をすることになる。

燃料電池は水素を供給し続けることで電気をずっとつくりつづけることができる。だから、**電池というよりも「小さな発電施設」といった方が実情に近い**。また、改質装置というものをつければ、メタン、メタノール、ブドウ糖などから水素をつくり、燃料電池を動かすこともできる。

　トヨタ自動車は２０１４年12月から燃料電池車を世界で初めて市販する。将来、私たちも当たり前のように燃料電池を使う日がくるだろう。

自動で止まるクルマってどういうしくみ？

　最近発売される自動車には、ブレーキを踏まなくても自動で止まる機能を備えているものが多くなった。どのようなしくみになっているのだろうか。

　自動車はエンジンの中でガソリンを爆発させ、その力によって走っている。自動車はより効率よく走ることができるように、エンジンをコンピュータによって制御するようになってきた。

　さらに、電波やレーザーなどを使ったレーダーセンサーやビデオカメラなどを利用することによって、自動車自身が、前の自動車との距離を自動的に測ったり、障害物や歩行者などを検知することができるようになってきた。

　この検知システムを利用することで、車間距離が詰まってきたり、不意に何かが飛び出してきたときに、運転者の対応が遅れても自動車がブレーキをかけるようになっている。現在は、人間が運転しなくても自動運転をしてくれる自動車も開発されている。自分で運転せずとも自動的に目的地まで連れて行ってくれる自動車が街中をたくさん走る日も近いかもしれない。

日本の紙幣はハイテク技術の塊！

ふだん生活するうえで欠かせないものがお金だ。私たちが使っている日本の紙幣は、世界でもトップレベルのハイテクが駆使されている。紙幣の真ん中にすかしが入っていることは有名だが、それ以外にもたくさんの技術が導入されている。

例えば、最高額である一万円紙幣を例にとってみると、紙幣を傾けると色が変わるホログラム、地紋にとても小さい字で「NIPPONGINKO」「10000」と書いているマイクロ文字、光の加減で左右の余白部分にピンク色を帯びたパール光沢の半透明模様が浮かび上がるパールインキなど、これでもかというほどの工夫が施されている。

1枚の紙幣になぜ、これほどまでの技術が導入されているのか。それは偽造防止のためだ。アメリカやヨーロッパでも偽造防止のためにハイテク技術を導入しているが、2004年から発行されている一万円札は世界最高レベルの技術が詰めこまれている。

携帯電話にカメラがついたのはプラスチックレンズのおかげ！

皆さんは、写真を撮るときに何を使っているだろうか。多くの人は携帯電話やスマートフォンではないだろうか。

携帯電話にカメラがついたのは1999年のこと。京セラが世界で初めてのカメラ付き携帯電話を売り出して、爆発的なヒットを記録した。それから時が経ち、今では携帯電話やスマートフォンにカメラがついているのは当たり前で、たくさんの人たちがそれで写真や動画を撮影し、SNSなどで共有している。

携帯電話やスマートフォンにカメラが搭載できるようになったのは、性能のいいプラスチックレンズができるようになったからだ。プラスチックは水分を吸収しやすく、湿度によって微妙に変形してしまう。そのため、カメラに使えるほどの精密なレンズをつくることが難しかった。

だが、**徹底的に品質管理をすることで、ガラスレンズと同じくらいの光学性能を誇る精密なプラスチックレンズの生産が可能になり、状況が変わってきた**。プラスチックレンズは軽くて小さなものをつくることができるうえに、ガラスレンズの10分の1の値段になるために、小型の電子機器などに精密なプラスチックレンズがどんどん使われるようになってきた。

　プラスチックで精密なレンズがつくられることがなければ、携帯電話やスマートフォンで気軽に写真が撮れる時代が来ることはなかっただろう。

東京駅丸の内駅舎もゴムに支えられていた！

　地震が多い日本では、地震の被害を減らそうと建物に様々な工夫が施されている。その中でも、最近普及しているのが免震工法だ。

　免震工法とは、建物の下に地震の揺れを吸収する免震装置を組み込むことで、建物自身が激しく揺れるのを防ぐものだ。免震工法にはいくつかの方式があるが、代表的で一番扱いやすいものがゴムで建物を支える積層ゴム支承（ししょう）という方式だ。

　免震装置に使われる免震ゴムは、薄いゴムの層と鉄板を交互に重ねあわせることで建物の重さを支えながら、地震が来たときには水平方向に動き、揺れを吸収するしくみになっている。簡単そうに見えるが、ゴムを水平に思いっきり伸ばしても金属からはがれないように接着して、強度の高い製品をつくるためには、高い技術力がいる。

２０１２年にリニューアルされた東京駅丸の内駅舎も、建物の免震化工事が施され、３５２個の免震ゴムと１５８個のオイルダンパーに支えられている。この建物は１９２３年の関東大震災を経験しており、そのときの強い揺れにも耐えた強靱な建物だ。免震化工事によって、地震に対する備えがさらに強化された。

LEDはなぜ省エネ効果が高いのか？

最近、道路の信号機を見て、昔とちょっと違うと思ったことはないだろうか。車道の信号よりも横断歩道の信号の方がその違いがわかりやすいと思う。横断歩道の信号は、昔は止まれのマークが赤地に白い人、進めのマークが緑色の地に白い人で描かれていた。だが、現在は、止まれのマークが黒字に赤色の人、進めのマークが黒字に緑色の人になっている。

この変化を生んだ原因となっているのが、ＬＥＤだ。

ＬＥＤというのはLight Emitting Diode（発光ダイオード）の略で、その名の通り光を出す半導体である。ＬＥＤはｐ型半導体とｎ型半導体という２種類の半導体を組みあわせることで、電気を直接光に変換することができる。

ＬＥＤの登場で大きく変化したのは照明だ。これまで照明といえば白熱電球や蛍光灯がたくさん使われていた。白熱電球の場合は、抵抗の大きなフィラメントに電流を流すことで、温度が２５００〜３０００度にまで上がり、光を発するしくみになっている。

そして、蛍光灯は、水銀の原子が封入されたガラス管の中に電子を放出することで管全体を光らせる。電子が水銀原子にぶつかると、水銀原子から紫外線が放出され、その紫外線が管の内側に塗られていた蛍光塗料を白く光らせるという少し複雑なしくみで光っている。

白熱電球の場合はフィラメントを光らせるために温度を上げているので、電気エネルギーが余計な熱に変化してしまうので、光をつくる上では無駄が多かった。蛍光灯は、白熱電球よりは経済的だったものの、蛍光管の中に電子を無理やり放出させないといけなかったので、その部分でエネルギーのロスが出ていた。

それに対して、**ＬＥＤは電気を流すことで、ｎ型半導体で電子を発生させ、ｐ型半導体では正孔（ホール）というものを生みだしている。**ホールというのは電子が抜け出した電気的な穴のようなもので、電子とホールが出会って、電子がホールの穴を埋めようとするときに光が発生する。電子がホールの電気的な穴を埋めようとする働きはとても自然で、ＬＥＤは白熱電球や蛍光灯よりも電気を節約して光をつくることができるので、省エネ効果が高い。さらに、寿命も長く、機器を小型化することができるので、新しい照明として様々な場所で使われるようになった。

冒頭で紹介した信号機は、消費電力が少なく、寿命が長いため、多くの場所でＬＥＤのものに置き換わっている。ただし、雪がたくさん降る場所では熱が発生しないがために、点灯面のレンズに積もった雪が溶けずに残ってしまい、かえって危険になってしまう。そこで、表面の凹凸が少ないスリム型、透明のカバーをつけたもの、雪を溶かすヒーターをつけたものなど雪にも強いＬＥＤ信号機が開発されている。

青色ＬＥＤはなぜノーベル賞をもらったの？

２０１４年のノーベル物理学賞は、青色ＬＥＤの発明と実用化に大きく貢献した赤﨑勇博士、天野浩博士、中村修二博士の３名に贈られた。なぜ、この3名にノーベル賞が贈られるようになったのか。それはLEDの歴史を振り返ってみるとわかる。

LEDが発明されたのは1960年代で、最初に赤色と黄緑色がつくられた。そして、1970年代になって黄色のLEDが開発された。でも、**青色のLEDはなかなかつくることができなかった。なぜなら、青い色の光をつくるには赤色や黄色よりも大きなエネルギーが必要だったからだ。**

1970年代に青色LEDをつくる物質の候補として、炭化ケイ素、セレン化亜鉛、窒化ガリウムの3種類が挙がっていた。このうち、多くの研究者や企業から本命とみられていたのがセレン化亜鉛だった。窒化ガリウムは、結晶にはひび割れや凹凸がたくさんできてしまうことや、n型半導体ができやすく、p型半導体をつくることが難しいことなどを理由に、青色LEDをつくることはほとんど不可能だと考えられていた。

しかし、赤﨑博士は窒化ガリウムで青色LEDをつくろうと1981年に名古屋大学に研究室を開設し、そこに大学4年生の天野博士がやってきた。2人は窒化ガリウムの結晶をつくる実験を1500回以上繰り返し、やっときれいな結晶をつくることに成功した。そして、1989年には、つくるのが難しいと思われていた窒化ガリウムのp型半導体をつくることに成功した。さらに、窒化ガリウムでつくったp型半導体とn型半導体を組み合わせた青色LEDをつくることに世界ではじめて成功した。

一方、中村博士は、1989年から当時勤めていた日亜化学工業で窒化ガリウムを原料にした青色LEDの研究を開始した。赤﨑博士と天野博士が窒化ガリウムで青色LEDをつくることに成功したものの、その方法は大量生産するには手間がかかるものだった。

赤﨑博士と天野博士は、MOCVD法という方法で窒化ガリウムの薄い結晶をつくっていたが、中村博士はこの方法改良したツーフローMOCVD法を開発し、よりきれいな窒化ガリウム結晶をつくることに成功した。さらに、p型半導体を量産できる技術を発見し、インジウムを混ぜた発光層というものをつくることで、LEDを明るく光らせることができるようになった。このような技術を組み合わせ、青色LEDの実用化に大きく貢献した。

2014年のノーベル物理学賞受賞者を発表するときに、ノーベル財団は「20世紀は白熱電球が照らし、21世紀はLEDの光に照らされる」と説明し、3人の業績をたたえた。LEDは照明だけでなく、様々な場所に利用されており、人類の生活を大きく変えようとしている。

青色LEDのおかげで光の三原色を直接発光できるようになった！

明るい青色LEDが実用化されたことで、世の中がどのように変化したのだろうか。

まず、青色の一部の光を吸収し、赤色や緑色を出す蛍光体と組みあわせることで、白色LED電球がつくられるようになった。

LEDは消費電力を白熱電球の1／10、蛍光灯の1／2ほどに抑えることができ、寿命も数倍長いので、同じ明るさであれば、照明で消費されるエネルギーをより少なくすることができる。

照明は世界中の消費電力の約4分の1を占めるといわれている。LED照明が世界に普及していけば、地球レベルでの電力削減につながることだろう。

また、青色LEDをつくる技術を応用することで、緑色LEDも開発され、赤、青、緑の光の三原色を直接発光することができるようになった。

これにより、すべての色の光をLEDで明るくつくることができ、フルカラーのディスプレイが開発されたり、建物や道路などをカラフルにライトアップすることができるようになった。

さらに、ＬＥＤを光源にした野菜工場がつくられたり、船の上から魚などをおびき寄せる集魚灯や、口から飲み込むカプセル内視鏡の照明としても使われている。この他にも、青色ＬＥＤの技術から青色の半導体レーザーがつくられ、記録容量の大きなブルーレイディスクのシステムが開発された。

このように、ＬＥＤの技術は単に照明器具だけでなく、幅広い範囲で使われている。ＬＥＤがこれほど幅広く使われるきっかけとなったのが、青色ＬＥＤなのである。

３Ｄプリンタの発祥は日本だった！

２０１３年２月にアメリカのバラク・オバマ大統領が演説の中で「３Ｄプリンタ技術を活用してアメリカに新たな産業を生みだす」という趣旨の発言をしたことにより、３Ｄプリンタは一気に世界中から注目されるようになった。だが、３Ｄプリンタという言葉は知っていても、その技術の中身を知っている人はあまりいないのではないだろうか。

３Ｄプリンタは、コンピューターでつくった設計データをもとに、立体の造形物を手軽につくることができる装置のことだ。**物体を輪切りにしたように1層1層積み上げるようにして立体をつくることから、その技術のことを積層造形技術ともいったりする。**

最近注目を集めている3Dプリンタはほとんどが海外のメーカーのものなので、海外発祥の技術のように思うかも知れない。しかし、1980年に名古屋市工業技術研究所に勤めていた小玉秀男さんが立体図形作成装置という名前で出願した特許技術が核となってつくられたものだ。当時小玉さんが発明したのは、液体状の光硬化樹脂に紫外線などをあてて固める光造形方式の3Dプリンタだ。

現在は、この他にも、ナイロンや金属などの粉末にレーザー光線をあてて焼き固める粉末焼結積層方式、樹脂を溶かして積み重ねていく樹脂溶解積層方式など、様々なものが開発されており、大きなものから小さなものまで、いろいろな材料を使ってつくることができる。

日本でも、個人のユーザーや芸術家が作品をつくったり、企業で新製品の開発をしたりと、幅広く活用されはじめている。

3Dプリンタは、3D造形ソフトを使うことができれば、自分のアイデアをすぐに立体的な形にすることができる。実際に立体的な造形物をつくることで、造形物を見たり触ったりしながら、アイデアをさらに練ることができるようになるので、これまで考えつきもしなかった新しいものをつくり出せるのではないかと期待されている。

WONDERS OF EARTH | CHAPTER 5

5章

自分の体内に潜む小宇宙！
「人間のカラダ」のふしぎ

神経細胞が情報を伝える速さは時速400㎞以上？

人間は脳で情報を処理している。目、鼻、耳などの感覚器官から入ってきた情報は脳に集められる。そして、集まってきた情報を分析したり、解釈したりして、運動器官などに指令を出していく。一部の情報は、脳内のメモリにストックされ、必要なときに呼び出されるようになっている。脳はこのようなことを瞬時にこなしているわけだ。

このような脳の活動を支えているのが神経細胞である。この神経細胞の中を電気信号が流れることで、情報が伝達されていく。人間の脳は神経細胞の塊のようなもので、1つの脳は千数百億個もの神経細胞からできている。これらの神経細胞がつながることで、たくさんの情報を処理することができるのだ。

神経細胞は、「細胞体」「樹状突起」「軸索」とよばれるものからできている。

細胞体は、神経細胞の本体のようなもので、核やミトコンドリアなど細胞を維持するための機能を備えている。

樹状突起は、他の神経細胞から電気信号を受け取るアンテナのような部分で、ここで受け取った信号が軸索へと流れていく。そして、軸索から別の細胞の樹状突起へと情報が伝えられる。

神経細胞間の情報のやりとりは、軸索と樹状突起が接続しているシナプスと呼ばれる部分でおこなわれる。この部分でやりとりされるのは、電気信号ではなく化学物質だ。

ある神経細胞の軸索の先端部分に電気信号がやってくると、神経伝達物質が放出され、そこにつながられている別の細胞の樹状突起へと伝えられる。神経伝達物質を受け取ると、樹状突起から軸索に向けて電気信号が流れていくというしくみになっている。

軸索が太く、温度が高いと電気信号は速く進む。速いものでは秒速１２０ｍという速さで神経細胞の中を伝わっていくという。時速に直すと、時速４３２㎞というスピードだ。新幹線の中で一番速いはやぶさで時速３２０㎞のスピードなので、電気信号は神経細胞の中をものすごい速さで伝わっていることになる。

肝臓の役割は500種類以上あるらしい！

毎日のようにお酒を飲む方の中には肝臓の調子が良くない方もいるかもしれない。そのような方を意識してか、テレビや雑誌の健康特集では、週に2日はお酒を飲まない休肝日をつくろうといったことがいわれたりもしている。そのようなことがいわれる理由は、じつは肝臓の働きにある。

肝臓は何種類もの化学反応を同時にこなすとてもコンパクトで高性能な化学工場なのだ。

肝臓の働きは大まかにいえば、「体の中で働く物質の合成」「栄養素などの貯蔵」「体に有害なアルコールや薬物などの解毒」「血糖値の調節」「体温の調節」の5つに分けられる。

しかし、**細かく分類していくと、肝臓は500種類以上もの仕事をこなしている働き者の臓器なのだ。**

しかも、肝臓は奥ゆかしさもあわせもっている。こんなに働いているのに、不平やグチをあまりいわない。そういう一面もあるところから、沈黙の臓器ともいわれている。だが、沈黙の臓器であるが故に困ったことも起きる。肝臓は病気になっても痛みなどが発生しない。そのため、病気の発見が遅れ、命を落とす危険性もある。

肝臓から文句を言われないからといって、酷使すると自分自身の健康にはね返ってくる。暴飲暴食は控えて肝臓にも気遣っていこう。

体の血管を全部つなぐと地球2周半にもなる！

イギリスの劇作家ウイリアム・シェークスピアが書いた『ヴェニスの商人』は、主人公が「返済できなかったら胸の肉を1ポンド切り取らせる」という条件で高利貸しから借金をした。

そして、その借金が返せなくなってしまい、証文を盾に、胸の肉の切り取りを迫られてしまう。だが、その証文には、胸の肉1ポンドと書いてあるが、血を流していいとは書かれていなかったことから主人公の命が助けられた。

この話は、頭のてっぺんから手足の指の先まで、人間の体の中には、ほとんど隙間なく血管が張り巡らされていることを端的に示している。

血管は心臓の近くにある大動脈が直径約３㎝と一番太い。そして、体の末端部分を通る毛細血管は０・００５～０・02㎜ととても細くなる。このような**血管をすべて合わせると、全長で10万㎞にもなるという。これは地球2周半に相当する距離だ。**これだけの長さがあるのに血管の重さは体重の８％ほどしかない。ちなみに、皮膚の重さは体重の15％で血管よりも重い。

このことから血液が入っていない純粋な管としての血管はとても軽いことがわかる。

人間の細胞数は60兆個ではなく37兆個だった？

本やテレビの中で、人間の体は約60兆個の細胞でできているという話がよく出てくる。私たちは、実際に数えたわけではないし、専門家も60兆個といっているので、そんなものなのかと思って今までその数値を使ってきた。

ただ、この60兆個という見積もりは、ちょっとおおざっぱなものだった。人間の細胞は１つあたり平均１ナノグラム（10億分の１g）なので、体重60

kgの人だったら、60兆個あるだろうという感じで、根拠が少し弱かったのだ。

だが、２０１３年に人間の細胞数についてしっかりと数えた研究論文が発表された。その論文によると、細胞の数は今までいわれていた60兆個よりも少なく、37兆個だった。

この論文の著者は、まず、既存の論文を使って細胞の数を調べている。そして、大きさがはっきりしている細胞や器官の画像からその細胞や器官の体積を見積もり、器官の体積を細胞の体積で割ることで、人間の細胞の数を割り出した。まとめれば簡単なように思えるが、作業量としては膨大なものだ。

この膨大な作業を通して、導き出された結果が37兆個という数値だ。しかもこの論文によると、人間の体中で一番多い細胞は赤血球で、その数は27兆個にもなるという。**人間の体をつくる細胞の7割以上が赤血球でできているというのは驚きだ。**

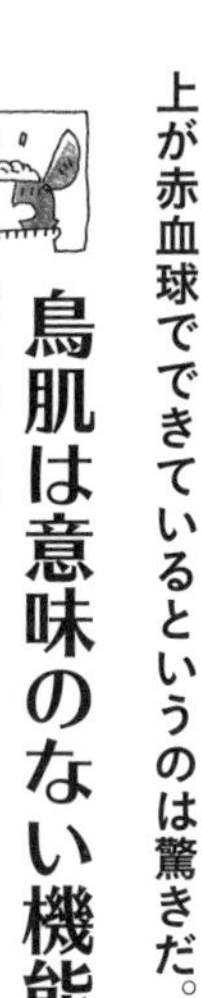

鳥肌は意味のない機能だった？

春や秋は1日の気温の変化が大きくて、何を着るか悩まされる。出かけるときは暖かくても、日が暮れると急に寒くなったりして、腕にできた鳥肌を見ながら、「もっと暖かいものを着てくればよかった」と後悔することもある。

人間は寒くなったり、怖い体験をすると腕などにブツブツができる。これは羽毛を抜き取った後の鳥の肌のように見えるので鳥肌といわれている。

この現象は交感神経が刺激されることで、体毛の根本にある立毛筋が収縮し、毛穴が閉じるので、肌に沿って斜めに生えていた体毛が立ち上がり、鳥肌が立つというしくみになっている。

寒さによって鳥肌ができるのは、毛穴を閉じることで、体の中の熱を外に逃がさないためであるといわれている。

だが、これが有効なのは全身を体毛や羽毛におおわれている動物だ。**このような動物では、体毛や羽毛が立ち上がることで、皮膚と外気との間に、暖かい空気の層をつくることができるので、保温効果を生み出せる。**

しかし、人間の場合は体毛が薄く、少なくなっているので、鳥肌が立っても保温にはあまり役立たない。

なお、寒さだけでなく、恐怖などによって鳥肌ができるのは、ストレスや興奮によって交感神経が刺激されるからだ。

だから、大きな喜びによって興奮状態になると鳥肌が立つこともある。映画、スポーツ、ライブなどで感動したときに鳥肌が立つのは、強い刺激で興奮状態にあるからだ。

火事場の馬鹿力は本当に出るの？

人間は、ピンチになったときや、身の危険を感じたときは、ふだんよりも大きな力が出る。これを火事場の馬鹿力といったりもする。火事のときに細身の女の人が寝たきりのおじいさんを抱きかかえて助けたとか、危険な目に遭ってふだんより高く飛び上がったとか、そんな話を聞くが、実際にそんなことは起こるのだろうか。

実は、この火事場の馬鹿力は本当に存在する。

人間の体にはたくさんの骨があり、それを骨格筋がつないで動かしている。ふだんの生活では、私たちは骨格筋のもっている力をすべて出し切っていない。私たちは自分が「無理だな」と感じる範囲で力を抑えてしまい、骨格筋が本来もっている力の半分くらいしか使うことはない。

というのも、ふだんから骨格筋がもっている力を100％出し切っていると、骨や筋肉を痛めてしまうため、ちょうど安全装置がかけられているような状態になっているからだ。

だが、**火事などに遭遇すると、その安全装置が**

解除され、アドレナリンが放出される。アドレナリンは体を興奮状態にするので、体のエネルギー代謝や運動能力を高めるために、体のもっている本来の能力が引き出されるのだ。

ちなみに、骨や筋肉のもっている力を100％に近い形で発揮していけば、成人男性で200kgくらいの重さのものは持ちあげることができるという。

火事場の馬鹿力を発揮することは、体にとっては無理をしている状態になっている。そのとき、骨や筋肉を痛めてしまうこともある。また、事故などに遭ったときも、けがをしながら体を動かし続けたりすると、相当な痛みを伴うはずだが、不思議なことに、緊急事態のときは痛みをほとんど感じないという。

このようなときは、脳内でベータ・エンドルフィンとよばれる物質が分泌されている。この物質は高揚感や幸福感などを感じさせるもので、モルヒネの数倍もの鎮痛作用があるという。だから、痛みを気にせずに、危機的な状況から逃れようと体を一生懸命動かすことに集中できるのだ。

その代わり、その状態が終わり、ベータ・エンドルフィンの分泌が少なくなると、急に痛みを感じ出す。人によっては、あまりの痛さに気絶することもあるという。

別腹は本当にあった！

お腹いっぱい食事をしても、「デザートは別腹」と甘いものもよく食べる方がいる。それは単に自分の都合のいいことをいっているだけではないかと疑問をもつ人も多いだろう。だが、別腹には科学的な根拠があった。

食事をしてお腹がいっぱいになると感じるのは、胃からレプチンという物質が出されるからだ。これを脳の視床下部（ししょうかぶ）がキャッチして、満腹で食べられないと判断する。レプチンが分泌されてから視床下部に伝わるのは20分くらい時間がかかるから、ゆっくりと時間をかけて食事をするといつもより少ない量で満腹感を感じられる。

だが、満腹になったとしても、ケーキなどを見て、それを食べたいと脳内でオレキシンという物質が分泌される。この**オレキシンの作用によって、胃が蠕動運動（せんどううんどう）を活発にし、満腹状態の胃に空間をつくる**。これが別腹だ。

別腹は、物理的に胃に食べ物を入れる空間ができてしまう現象だったのだ。

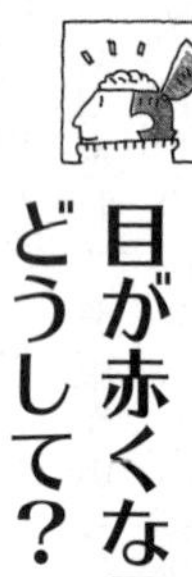

フラッシュで撮影すると目が赤くなるのはどうして？

暗い場所や夜に写真を撮るとき、私たちはフラッシュを使う。でも、フラッシュを使うと、写っている人の目が赤くなってビックリしてしまうことがある。写真を撮るときは、ふつうの色なのに、なぜ赤く写ってしまうのだろうか。

実は、**この目の赤い色は、血液の色だったのだ。** 私たちの目は瞳孔をせまくしたり広くしたりして網膜に届く光の量を調整している。暗い場所に行くと、光をたくさん取り入れようとして瞳孔が開く。そこに、突然、フラッシュの光がやってくると、瞳孔が対応できず、強い光が網膜へと入りこむことになる。

すると、網膜に到達した光が一部、反射してそこに流れている毛細血管の色を映し出す。網膜の血管は、人間の体の中で唯一、肉眼で見ることのできる血管だ。その血管の中を流れる血の色によって目が赤く写ってしまうのだ。

たった1回のコカイン摂取で脳は劇的に変化する！

日本では、コカインや麻薬のように、中枢神経に作用して、精神活動に影響を与える薬物を乱用することは禁止している。有名人でも、仕事の疲れなどから薬物に手を出して話題になることも多い。このような薬物は、長期間の使用によって脳の神経回路を書き換えてしまい、依存性が高くなってしまうと考えられている。実際に、長期間使用することで、脳の神経回路が変化するという研究発表もある。

ところが、最近の研究では、コカインをたった1回使用するだけで脳の神経回路に変化が起こることがわかってきた。

アメリカの研究グループがマウスの前頭葉を調べたところ、**コカインを1回摂取しただけで、樹状突起の「スパイン」とよばれる神経細胞から突き出た部分が大きく成長することがわかった。**このスパインが脳の配線を変えて、脳がコカインを求めるようにしてしまうという。

このことから、薬物は私たちが考えている以上に、人間の神経回路を変えてしまう危険なものだといえるだろう。

盲点は人間の体の中に本当にあった！

人はよく慣れていることをやるときも、うっかり何かを見落としてしまうことがある。そういうことが起きたとき、「盲点」と表現している。盲点は話の中でよく出てくるので、そういう現象を表す言葉だと思っている人も多いかもしれないが、実は、私たちの体のことを表した言葉である。

私たちがものを見るために使っている目の中に盲点があるのだ。

人間がものを見ることができるのは、網膜にある視細胞が外から入ってくる光をとらえているからだ。そして、視細胞から光の情報が電気信号に変えられて脳に送られる。このとき、脳に信号を送る役目をしているのが視神経である。

この視神経が束になっている部分を「視神経乳頭」というが、ここには視細胞がないために、光を感じることができない。じつはこの部分を盲点という。盲点は左右の目のどちらにも存在する。

ふだん、私たちが盲点を感じることがないのは、左右の目がそれぞれで見た情報で補いあっているためで、片目で見ると見えていない部分は確かに存在しているのだ。

逆立ちしてものを食べるとどうなるの？

子どもの頃、逆立ちしてものを食べるとどうなるのか、疑問に思ったことはないだろうか。興味本位でやろうとしても、逆立ちして食べること自体難しいことなので、実際に試したことがある人は少ないはずだ。

食べ物は口から取りこまれる。口の奥には食道がついていて胃までつながっている。食道は水道につなぐホースのように、単に空洞の管のように思うかもしれないが、内側には筋肉がついていて、食べ物がやってくると胃側の筋肉が緩んで、通過させる。そして、食べ物が通過すると口側の筋肉が閉じて食べ物を胃の方に進むようにする。これは飲み物でも同じことが起こる。

つまり、**食道に入った食べ物や飲み物は重力によって胃に運ばれるわけではなく、食道の筋肉の動きによって運ばれる**ので、逆立ちをしていてもちゃんと胃まで送られるのだ。

ちなみに、宇宙船内のような重力がほとんどない場所でも、口から食道に入ってきた食べ物や飲み物はきちんと胃まで届く。

体の中で食べ物が腐らないのはどうして？

人間はものを食べて生活している。これは当たり前のように感じるかもしれないが、よく考えてみれば不思議なことが多い。

たとえば、食べ物は気温が高いところに放置しておくと次第に腐っていってしまう。そのときの気温や放置したものによって違うが、早いものでは数時間放置しただけで腐るものもある。

人間の体は37度くらいに保たれていて、ものを食べてから排泄されるまで1日から数日かかる。その間、食べ物は体の中にとどまっているわけだが、腐ったりはしない。それはいったいどういうわけなのだろう。

その秘密は、口の次に送られる消化器官である胃に隠されていた。

胃は強い酸性の液体である胃液によって、送られてきた食べ物をドロドロに溶かしていく。**食べ物が腐るのは、食べ物の中で細菌が増えて分解されていくからだ。ほとんどの細菌は酸に弱いので、胃液と混ぜ合わせることで細菌が死んでしまい、腐ることはなくなる**というからくりなのだ。

WONDERS OF EARTH | CHAPTER 6

6章

密かにすごすぎる！「植物」のふしぎ

生涯たった2枚の葉しかつけない植物がある！

世の中には変わった植物がたくさんある。変わった植物の話題になったときに、真っ先に挙がってくるのが、ウェルウィッチアという植物だ。

普通、植物は、成長していくつもの葉を生やしていき、古い葉は枯れて落ちていくものだ。葉を落とさない植物でも、新しい葉は常に生えてくる。

しかし、このウェルウィッチアは生涯を通じて2枚の葉しか生えてこない。つまり、**最初に芽を出したときの2枚の葉だけがどこまでも大きく、成長していくのだ。**しかも、この植物は寿命がとても長い。少なくとも1000年以上は生き、現存する最古の株は1600年から2000年は生きているといわれている。ウェルウィッチアはあまりにも変わっているために、「世界で一番個性的な植物」「砂漠の怪物」などとよばれることもある。ちなみに、ウェルウィッチアの和名は「奇想天外」となっている。初めて接した人がビックリしてこの名前にしたのだろう。

トリカブトは毒だけでなく薬としても使われていた？

トリカブトは、ミステリー小説が好きな人は、その名を耳にしたことがある植物だと思う。犯人が相手を殺そうとしたときに用意する毒として、トリカブトが登場することがよくあるからだ。

トリカブトは日本だけでも約30種類が自生し、世界では100種類以上の仲間がいる。根、茎、葉から花、蜜、花粉、種子に至るまでそのすべてに強力な毒が含まれている。その中でも、一番毒が含まれているのは根で、1gほど食べただけでも死に至るといわれている。今のところ、有効な治療法も、解毒剤もないために、究極の植物毒ともいわれている。

トリカブトは、毒性があまりにも有名になってしまったために悪いもののように思われてしまいがちだが、実は薬としても利用されている。**根の部分は乾燥させたものを、烏頭（うず）、附子（ぶし）などとよび、古くから漢方薬として用いてきた**。トリカブトの成分は、神経を刺激して興奮させるので、強心作用や鎮痛作用がある。現在でも、いくつかの漢方薬に配合されている。

また、江戸時代に華岡青洲（はなおかせいしゅう）が開発した世界初の麻酔薬である通仙散の原料の1つとして、トリカブトも使われていた。このように、トリカブトは人の命を奪うだけでなく、人の命を助ける役割も担ってきたのだ。

土がなくても咲く花がある！

自宅でゼロから植物を育てようと思ったときに、はじめにすることは、種や球根を土に植えることだと思う。だから植物の成長には土が欠かせないと思っている人も多いだろう。

しかし、植物が成長するのに、必ずしも土は必要ない。水耕栽培などでは土を使わなくても植物は大きく成長する。そもそも土は植物を支えたり、成長しやすい条件を整えたりする場所なので、土の代わりになるものがあればいいのだ。実際、水耕栽培でも、種子はスポンジのようなものに植えて、水に流されないようにしていることが多い。

ところが、ユリ科の球根植物であるコルチカムは、土や土の代わりになるスポンジのようなものに植えなくても、きれいな花を咲かせてしまうのだ。土やスポンジのように植物の体を支えるものは、植物が根を生やして水や養分を吸収するために重要な役割をしている。だからこそ、普通の植物は、土などに植えない限り、芽を出したり成長したりしないのだが、コルチカムは違う。

コルチカムは球根で増えていく。この球根を机の上に置いておくだけでも、花を咲かせてしまう。ふだんは土の中で成長して、球根を増やして子孫を残していくが、土地が乾燥したり、掘り返されてしまう危険性もある。そうなったときでも、**少しでも子孫を残す可能性を高めようと、コルチカムはどんな状況になっても自力で花を咲かせている**という。

マリモはもともと糸状の植物だった？

北海道の阿寒湖は、マリモが生息することで有名な湖だ。マリモはその名の通り球状に成長する緑藻である。ふつう、植物は太陽光を少しでも取り入れるために、草丈を高くするか、横に広がり面積を広くするか、どちらかの戦略を取る。だが、マリモはそのどちらの戦略も取らずに球状になっている。

球状になってしまうと、上と下の区別ができる。上半分は光を十分に浴びることができるが、下半分は光をあまり浴びることができない。また、湖底にはマリモが何層にも積み重なっているので、下の層にあるマリモは日光がほとんどあたらなくなってしまう。

だが、この問題は阿寒湖の水流が解決しているといわれている。波などによって底に水流が発生することで、マリモが回転したり、上の層と下の層が入れ替わったりして、どのマリモにもまんべんなく日光があたるようになっていると考えられている。

ただ、マリモを割ってみると、表面だけでなく、中心部分の藻まで緑色を保っている。緑色をしているのは光合成によって有機物や酸素をつくる葉緑体が生きているからだ。マリモの中心部分には光が入ってこないので、普通に考えると光合成をすることはできない。葉緑体をもっているだけでたくさんの栄養分が必要になるので、このような場所に葉緑体があるのは、栄養分の無駄づかいに見えてしまう。中心部分の葉緑体にも、私たちが気づかない働きがあるのかもしれないが、それがいったい何なのかは、まだわかっていない。

マリモは謎の多い植物だ。最大の謎は、なぜ、マリモは球状になるのかというものである。しかし、その謎については、未だにはっきりした答えが見つかっていない。

マリモはもともと糸状の植物で、条件が整わなければ球状にはならず、湖底で芝生のように成長する。阿寒湖でマリモが球状に成長するのは、水の流れをはじめ、阿寒湖の湖底の環境がマリモにとっていい条件がそろっていたからだと考えられているが、様々な要素が複雑に絡みあっているために、決定的な理由は、よくわかっていないのだ。

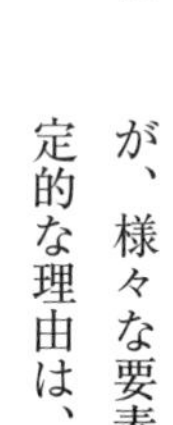

植物にも血液型がある！

日本人は血液型占いが好きだ。初対面の人にも血液型を聞き、お互いの相性や性格の話で盛り上がってしまう。血液型占いに使われるＡＢＯ式血液型は、赤血球の表面にA型抗原やB型抗原をもっているかどうかで血液を分類する方法だ。

血液型占いには科学的な根拠はないが、見知らぬ人と会話をするきっかけや、日常の潤滑剤として機能しているので、一概に否定できるものでもない。星占いとあわせて、ちょっとした話題づくりとして見ておくといいだろう。

人間の場合、血液型を決めるのは、糖鎖という物質だ。血液型物質が誕生したのは、今から約30億年前といわれている。当時存在していた細菌がもつようになり、その後、いろいろな生物に広がったと考えられている。

実は、植物にもABO式の血液型物質に対応する物質があるといわれている。しかし、実際に**血液型物質が確認できるのは植物の中でも1割程度で、それが何を意味しているのかはまだよくわかっていないのだ。**

アサガオは秋になるほど早く咲く？

小学生の頃に、夏休みの宿題としてアサガオの観察日記を描いたことがある人はとても多いことだろう。アサガオは名前の通り朝に咲く花だ。アサガオが開花するのは、早朝のまだ朝日が昇る前の時間帯。この様子を観察するには、夏が一番適している。だから、夏休みの宿題にはうってつけの題材なのだ。

実は、アサガオは秋になるにつれて開花時間が早くなってしまう。なぜなら、アサガオは朝の光を感じて開花するわけではないからだ。**アサガオの開花は前の日の夕方からはじまっている。**前の日の夕方に周囲が暗くなることで、アサガオの開花のタイマーがセットされ、そこから9時間前後で開花するしくみになっている。自然な状態では日没から約10時間後に開花する計算だ。

日本では夏至を過ぎると日没時間がだんだんと早くなるので、それにあわせて開花時間も早くなる。さらに、気温が低くなると開花のタイマーも早まってしまうしくみも備わっているために、秋になるとアサガオの開花時間はさらに早まっていく。**7月中旬には朝早く開花していたアサガオは、10月中旬になると夜中に咲くようになる。**

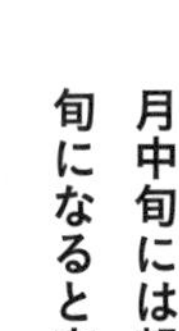

タケノコが早く伸びる秘密とは？

竹はとても早く生長することが知られている植物だ。ある観察では、24時間で120㎝も生長することがあるという。これほどの速さで生長する秘密は、竹に節ができることと関係している。

植物には細胞が勢いよく分裂して生長していく生長点という部分がある。樹木の場合は、生長点は茎の先端部分にあり、その部分だけが伸びていくので、大きくなるのに何年もかかる。

だが、**竹は茎の先端部分に生長点があるのはもちろん、それぞれの節の上の端の部分に生長帯とよばれる分裂組織がある。それぞれの生長帯では細胞分裂が盛んに起こり、節と節の間が伸びて全体的に生長していく。**１本の竹にはだいたい60個の節があるので、単純に考えて、竹は普通の樹木の60倍のスピードで生長することになる。

落花生の豆は土の中で育つ！

落花生は南米のアンデス地方が原産国で、日本には18世紀になって中国から伝えられた。その後、明治政府が全国に栽培を奨励するようになり、全国に広まった。現在、日本で生産量トップを誇るのが千葉県で、日本の生産量の８割弱を占めている。

落花生の実のつけ方はちょっと変わっている。7月の初め頃に**黄色いチョウのような花を咲かせた後、子房の部分から柄のようなものが伸びて地面に突き刺さる。そして、地面の中で柄の先端が膨らん**

で落花生の実ができるのだ。ちなみに、子房の柄が伸びるのは10㎝程度。
もし、鉢などに植えられていてその先に地面がない場合は、柄の成長は止まってしまい、実をつけることはないそうだ。落花生は地面の中で実をつけることで、鳥、ネズミ、虫などに実や種を食べられることを防いでいるのだ。

カカオは本当は甘くない！

チョコレートやココアの主原料はカカオの実である。カカオは高温多湿な熱帯地方で栽培される植物で、年間平均気温27度以上の土地でないと栽培することができない。当然、栽培される地域は南北ともに緯度20度以内という限られた場所に限定されてしまう。

チョコレートやココアは甘いものの代表のような存在なので、その原料であるカカオも甘いと思っている人もいるかもしれない。しかし、カカオの実はとても苦いものだ。

カカオはもともと、現在のメキシコ南部や中央アメリカなどの地域が原産で、マヤ文明が起こった4世紀くらいから栽培がはじまったといわれている。その後、アステカ王国の時代まで、上流階級の人たちが、神への捧げ物や疲労回復の薬などとして利用してきた。この頃、カカオは飲み物として飲まれていたが、砂糖を入れることはなかった。苦みを和らげるために、トウモロコシの粉やトウガラシ、チリなどを入れていたという。

現在のように、**砂糖の入ったチョコレートが登場したのは、アステカ王国をスペインが征服してから**。砂糖が世界に流通するようになり、カカオ飲料だったチョコレートに砂糖が加えられるようになったのだ。そして、スペインからヨーロッパにチョコレートが広がり、日本にまで伝わってきた。

ドングリの木は存在しない！

秋になると、公園などにドングリがよく落ちている。しかし、この世に「ドングリ」という植物は存在しないのだ。というのも、**ドングリというのは、コナラ、クヌギ、アカガシ、マテバシイなど、ブナ科の木の実のことを指す**からだ。

ドングリのかたちや大きさは種によってまちまちで、アラカシやシラカシのようにラグビーボールのように尖ったものもあれば、クヌギのようにダルマ型のものもある。日本にはブナ科の樹木は22種ある。

ドングリを見たときは、どの木の実なのか調べてみるのも楽しいだろう。

なぜレンコンには大きな穴があいているのか？

大きな穴があいているレンコンは、「未来を見通す」という意味の縁起物として、おせち料理に使われてきた。レンコンは漢字で「蓮根」と書くのでハスの根だと勘違いしやすいが、実はレンコンはハスの地下茎の部分だ。

レンコンに大きな穴があいているのは、レンコンが地下深く茎を伸ばしていることと関係がある。

レンコンは水生植物なので、水底に地下茎を伸ばしている。水辺の土は、水がふたをしている関係で酸素がとても少ない。そのため、レンコンは葉から酸素を取り入れる。この酸素は、葉脈や葉柄（ようへい）を通って、地下茎にまで送られる。レンコンには大きな穴があいているのは、**茎の先まで酸素を効率よく運ぶため**だったのだ。

モミジはどうして葉が赤くなるのか？

秋になると、山の木々が赤や黄色に色づく紅葉が話題になる。季節の変化とともに、葉の色が変わるのは、植物のライフサイクルと大きく関係している。

植物にとって、葉は光合成によって栄養をつくり出す大切な器官である。どの植物も、できるだけ葉をつけて栄養をつくっていきたいと考えている。

しかし、葉は乾燥や冷気に弱い構造をしているので、冬の時季は維持するのが難しい。そこで、寒さが厳しい冬の間だけ葉を落とす戦略を取っているのが落葉樹である。

ただし、葉には植物にとっては貴重な養分である窒素を含んだタンパク質や核酸などが含まれている。また、光合成をおこなう葉緑素も貴重な資源だ。それらを捨ててしまうのはもったいないので、多くの樹木では葉を落とす前にそれらの物質を回収する。

葉の中に含まれる有用物質を回収するとき、葉は強い光や紫外線に弱くなってしまうので、赤い色素であるアントシアニンを合成する。葉の表面にアントシアニンがつくられることで、紫外線から守ってくれるのだ。**アントシアニンは赤い色素なので、これがつくられることで葉が赤く変化する**ということになる。

葉を強い光から守るしくみはいくつかあり、アントシアニンをつくらない場合もある。そのときは、葉の中にあったカロテノイドの黄色が現れて黄葉する。

イチジクは実の中に花がある！

突然だが、皆さんはイチジクの花を見たことがあるだろうか。イチジクは漢字で「無花果」と書くうえに、イチジクの木を見ても、花らしい花は咲かないので、イチジクには花がないと思っている人もたくさんいるだろう。

だが、イチジクにも花はちゃんとある。ただ、それが人の目には見えないだけなのだ。

実は、イチジクの花は実の中に隠れている。**イチジクの実を割ってみると、中は空洞になっていて、内側に小さな突起がたくさんついている。その突起の一つ一つがイチジクの花なのだ。**実の中についている花なので、他の花みたいに目立つ必要がなく、花びらはついていない。

花はもともと、存在をアピールして虫などに花粉を運んでもらう役割をしている。それなのに実の中に花をつけていたら、誰にも知られずに花粉を運んでもらえなくなってしまうのではないだろうか。

しかし、そんな心配をする必要はない。野生のイチジクが育っていたアラビアなどでは、イチジクコバチという小さなハチがイチジクの実の中に入り、花に卵を産み、そこからかえって成虫になると実から出ていく。その過程でハチはイチジクの花粉を体につけて、他のイチジクの実の中にある花に花粉を運んでいくしくみができていたのだ。

つまり、イチジクはイチジクコバチと協力し合ってお互いに子孫を増やしていたのだ。

トウモロコシのひげは何のためにあるの？

スーパーや八百屋で皮つきのトウモロコシを買ってくると、調理をする前に皮を取るという作業をしなければいけない。皮の内側にはたくさんのひげが実のまわりにあるので、邪魔だと思う人は少なくないはずだ。トウモロコシには、いったい何のためにひげがあるのだろうと訝しんでしまうが、実は、このひげには大きな意味があったのだ。

トウモロコシのひげは絹糸（けんし）とよばれるトウモロコシのめしべなのだ。トウモロコシの雄花は茎の先端の部分にあって、高い位置から花粉を落とす。それを絹糸がキャッチして、1つ1つの粒のところに実をつけていく。1本のトウモロコシには実になる粒が600個ほどあるといわれている。**絹糸はその**

粒から1本ずつ伸びているので、粒と同じ数だけ存在する。

キンモクセイには実がならない？

秋になると街路などに植えられたキンモクセイのいいにおいが漂ってくる。キンモクセイの木に、オレンジ色の小さな花がたくさん咲き、1つ1つが強い香りを放つからだ。

そういえば、私たちはキンモクセイの花を見たことがあるのに、実を見た記憶がまったくない。これはいったいどういうことだろう。

キンモクセイは、もともと日本にあった植物ではなく、江戸時代に中国からやってきたものだ。キンモクセイには雄株と雌株があるが、このとき中国から持ちこまれたのは雄株だけだった。雄株と雌株に分かれている植物は両方そろわないと受粉しないため、実をつけることはない。

ちなみに、日本に雄株だけしか持ちこまれなかった理由は、雄株の方が、花つきがよかったからだといわれている。日本のキンモクセイは実をつけて増やすことができなかったので、挿し木によって日本全国に増えていったという。

地球初の大気汚染を引き起こしたのはバクテリアだった？

現在、地球上には酸素がたくさんあり、多くの生物は酸素を吸って生活をしている。だが、地球が誕生してから数億年の間は、酸素がほとんどない世界だった。その結果、地球には酸素があると死んでしまう嫌気性の生物がたくさん存在していた。

だが、今から25億年くらい前にその状況が一変してしまう出来事が起きたと考えられている。それが地球上に酸素を発生させる生物であるシアノバクテリアの登場だ。

実はシアノバクテリアが現れる前から、光合成をおこなう生物は登場していた。それらの生物は光エネルギーを使って、硫化水素から自分たちの活動のエネルギー源となる化学物質をつくってはいたが、酸素までつくってはいなかった。

しかし、**シアノバクテリアは光合成に硫化水素ではなく水を利用するようになり、有機物と一緒に酸素もつくるようになった。**

当時の地球では酸素はとても有害な物質で、たくさんの生物を死に追いやってしまったことだろう。シアノバクテリアのおこなったことは、当時の生物にしてみたら地球規模の大気汚染に他ならない。

その後、地球上には酸素を積極的に活用する生物が登場し、現在の姿になっている。現在の生物は、劇的な環境変化を乗り越えてきたのだ。

桜とイチゴは仲間だった?

日本の春を象徴する植物といえば、やはり桜だ。1年に1度美しい花を咲かせ、一週間くらいで散っていく姿は、たくさんの人たちを惹きつける。

実はこの桜、植物のグループ分けで見てみると、バラ科に含まれる。しかもバラ科にはイチゴまで含まれているという。

桜、バラ、イチゴ、これらの植物は共通点がほとんどないように思えるが、なぜ、このようなグループ分けになっているのだろうか。

確かに、桜やバラは木であるのに対し、イチゴは草だ。姿が大きく違うのに同じ科の仲間になっているのは違和感を感じる。

だが、植物にとって木か草かは大きな問題ではない。多くの草は祖先を遡っていくと木に行きつく。草も木も同じ祖先をもつということで、同じ科に分類されているのだ。

また、バラのトゲも、生息環境に応じて柔軟に変化していった結果できたもので、根本的な違いにはならないのだ。

バラ科の植物は基本的に、「花びら」と「がく」が5枚ずつあり、おしべがたくさんあるという特徴をもっている。現在のバラは花びらがたくさんあるものが多いが、それは人間が品種改良をしたから生まれたものばかりで、野生のバラは花びらが5枚になっている。

また、最近は生物の設計図ともいえるDNAの解析が進んでいる。バラ科の植物のDNAを比べてみると、共通の特徴をもっていることもわかってきた。桜やイチゴ以外に、ナシ、リンゴ、びわなどもバラ科の仲間である。

ネズミを食べる植物が存在する！

植物といえば、栄養源として動物に食べられてしまうイメージが強くある。

しかし、世の中には動物を食べてしまう植物もある。その多くは昆虫などを食べる食虫植物といわれるものだ。

食虫植物といっても、光合成をして、花や実をつけるのは他の植物と変わらない。その基本的な機

能に、昆虫を捕まえて栄養を取る機能が備わっているだけだ。

食虫植物が昆虫を捕まえる方法は1つだけではない。例えば、ウツボカズラやキバナヘイシソウのように、壺や筒のような入れ物をつくり、そこに昆虫を落とし込むものもいれば、ハエトリグサのように葉で挟んで捕獲するものもいる。

これらの植物は、日本では食虫植物とよばれることが多いが、海外では肉食植物ともよばれていて、獣の肉や鶏肉なども消化してしまう。ハエトリソウはハエだけでなくカエルまでも食べてしまうし、ウツボカズラの仲間にはネズミさえも入ってしまう巨大なものもある。

血のような真っ赤な樹液を流す植物がある！

植物の世界には、人間から見るととても不思議に見えるものがたくさんある。竜血樹もその一つであろう。この木は名前からして珍しい。

竜血樹は、リュウゼツラン科ドラセナ属に属する植物で、高さ10～20mに達する樹木だ。幹の一定の高さの部分から一斉に枝を出し、葉が密に生い茂っている。

竜血樹は幹を傷つけると、そこから真っ赤な樹液を流す。その樹液が固まった樹脂が竜血とよばれることから、その名がついた。**竜血の真っ赤な色はアントシアニジンによるもので、染料としてだけでなく、鎮痛剤や止血剤としても用いられてきたという。**竜血樹には他の木のような年輪がないため、正確な年齢がわからない。だが、とても長寿で、観察記録などから1000年以上生きているものも見受けられる。

世界一高い木は樹高115・61m！

植物は子孫を残すためにいろいろな戦略を考えてきた。その中の1つが、日当たりのいい場所を確保するために、背を伸ばすことである。植物はいったいどこまで背を伸ばすことができるのだろうか。

現在、世界一の高さを誇る植物はセコイアである。

セコイアはアメリカの北カリフォルニアに位置するレッドウッド国立公園に群生している。ここは、映画「スター・ウォーズ エピソード6」のロケ地としても知られている場所だ。

この地に生息している樹木の中に、**樹高115・61mと世界一を誇るハイペリオンと名づけられた木がある。この木の樹齢は600～800年**

と推定されている。

また、この地に群生しているセコイアの平均樹高は80mととても高く、樹高世界3位までの木がはえている。

世界一大きな生物はキノコだった？

世界一高い樹木はセコイアだった。それでは、世界一大きな生物は何だろうか。体長33・59mもあるシロナガスクジラだろうか。それとも、セコイアのような巨大な樹木だろうか。実は、そのどちらでもなく、キノコの仲間が世界で一番大きいのだという。

キノコはどんなに巨大なものでも、数メートルといったイメージだと思う。実際、セコイアの木のように100m近い大きさのキノコなんて見たことがない。

実は、アメリカ・オレゴン州に生息しているオニナラタケは、地下で菌糸が網の目のようにつながっていた。詳しく調査したところ、**東京ドーム684個分に相当する約8.9平方kmにはえているオニナラタケの遺伝子が同じであることがわかった。**

見た目は、たくさんのキノコがはえているだけのように見えていたものが、実はすべて同じ生物だというのだから驚きだ。

このオニナラタケが1つの生物だとしたら、重さは600トン以上になるという。

WONDERS OF EARTH | CHAPTER 7

7章

身近なアイテムが超高性能！
「日常生活」のふしぎ

自然界から常に放射線を受けている！

福島の原子力発電所の事故をきっかけに、放射線に対して敏感に反応する人が増えた。確かに、放射線が人体にあたるとＤＮＡに傷ができ、その修復が完全にできないと、後にがん発症の原因になったり、細胞そのものの死につながることもある。

だが、それは一度に大量の放射線を浴びたときの場合だ。量が少ない場合は、そのリスクが低くなる。これまでの研究の結果、１００ミリシーベルトを超えない場合は、健康への影響は確認されていない。ただし、低い放射線の量でも、健康への影響がないともいいきれず、専門家の間でも意見が分かれている。

放射線というとイメージだけが先行しているが、私たちが普通に生活しているだけでも、ある程度、放射線にあたっている。

例えば、**岩石にはカリウムやウランなど、放射線を出す元素がある程度含まれている。また、私たちが口にする食べ物の中に含まれる炭素などの元素にも少しだけ放射線を出すものが含まれている。**それらを合計すると、日本人は１人あたり、１年間に１・５ミリシーベルトの自然放射線を受けていることになる。

最もスピードが出るスポーツは実はバドミントンだった！

スポーツは自分でプレーをしても楽しいが、トッププレーヤーの試合を見るのも楽しい。一流選手のプレーは、同じ人間とは思えないことがよくある。とくに球技などでは球の動きがとても速い。

例えば、日本のプロ野球では、大谷翔平投手などは時速160km以上で投げられるし、アメリカのメジャーリーグでは170kmに迫るピッチャーもいるくらいだ。

そんな球技の中でも世界で一番スピードが出る競技は、実はバドミントンだという。

バドミントンは羽がついているシャトルを打ち合う競技なので、あまりスピードが出ない印象もあるが、実はスマッシュの直後にとても速いスピードになる。男性のプロ選手のスマッシュは平均で時速300〜350kmにもなり、新幹線よりも速い。**世界記録は時速493kmで、ギネスブックにも登録されている**という。

もしプロゴルファーがツルツルのボールで打ったら150ヤードしか飛ばない？

ゴルフボールには表面にたくさんの凹凸がついているが、あれは何のためにあるのだろう。

ゴルフボールの凹凸はディンプルとよばれ、ボールを遠くに飛ばすためにつけられている。もともとゴルフボールの表面はツルツルなものだったが、あるとき、表面に傷がついている方が遠くへ飛ぶことに気づいた人がいて、それからディンプルが加えられるようになった。

ゴルフボールが飛ぶときに、**進行方向と逆の方向に小さな空気の渦が巻く乱流が発生する。この乱流はボールが前に進む力奪ってしまうのだ。ディンプルをつけることで、乱流が発生する範囲を狭くすることができるので、ボールの飛びがよくなる。**タイガー・ウッズなどのプロゴルファーはドライバーで300ヤードくらいの距離を優に飛ばすことができるが、ディンプルのないボールで打ったら飛距離が半分くらいに落ちてしまうだろう。

ゴルフボール1個にはティンプルが300～500個ついている。ディンプルの数が多いから遠くに飛ぶわけではなく、ディンプルの深さやボールの素材との相性などで、球の弾道は変化する。それぞれのメーカーは工夫を凝らしてよく飛ぶボールを開発しているのだ。

余談だが、ゴルフボールにはその構造、素材、そしてディンプルなど、数多くの特許があり、小さなボール1つに何十個もの技術が盛り込まれている。

電柱の中は空洞だった！

日本の街中の風景としておなじみの電柱。最近は、景観がよくないから地下に埋めてしまった方がいいという意見もよく聞かれるようになった。確かに電柱から電線が伸びている風景はあまり美しくないし、電線が見えない方が風景はスッキリして見える。だが、電柱と電線がある風景は、古きよき日本を象徴するような郷愁を感じさせることもある。

昔は木でできていた電柱も、今ではほとんどのものがコンクリートでできている。コンクリート製の電柱はとても重そうに見えるが、実は見た目ほど重くはない。なぜなら、電柱の内側は空洞になっているからだ。**電柱は内部が詰まっていても、強度が高くなるというものでもない**。

現在、電柱をつくるときは遠心力を使ってコンクリートを固めていく。こうすることで、内側に空洞があっても強い電柱をつくることができる。

1本の鉛筆は50㎞も書ける！

鉛筆は誰もが1度は手にする筆記具だ。黒鉛の芯を木製の軸で挟んでもちやすくしたシンプルな構造の道具だ。手軽で安い筆記具なので、身近な存在ではあるが、最後まで使いきることはあまりないのではないだろうか。

日本の標準的な鉛筆は17・2㎝の長さをしている。**この鉛筆の芯を機械で円を描くように書き続けたところ、何と50㎞もの距離まで到達した。さらに、人が手で鉛筆をどんどん減らし続けたとしても、1本の鉛筆を使い切るまでに7時間くらいかかった**という実験結果もある。

ちなみに、多くの鉛筆が六角形をしているのは、人の手で持ちやすいからだ。鉛筆は親指、人差し指、中指の3本の指で支えるので、角が3の倍数になっていると持ちやすくなるという。鉛筆はシンプルでありながらも、とても長持ちする経済的な筆記具だ。大切に最後まで使っていこう。

ダイヤは地球の中でつくられる？

キラキラ光る宝石は、いつの時代も女性を虜にしてきた。数ある宝石の中でも、特に人々の目を惹くのはダイヤモンドだ。ダイヤモンドは地球上で最も硬い物質である。このダイヤモンドは炭素だけからつくられている元素鉱物だ。実は、元素のレベルで見れば、鉛筆の芯などに使われる黒鉛とまったく変わらない。

しかし、一方はとても硬いダイヤモンドになり、もう一方はとても軟らかい黒鉛になってしまう。なぜそのような違いが生まれてしまうのだろう。

その原因は、原子の結合のしかたにある。ダイヤモンドは炭素原子が他の炭素原子と正四面体をつくるように結合しており、立体的な構造をつくっていく。

一方、黒鉛は炭素原子が平面上に結合して層状の構造をつくっていく。そのため、平面の力には強いが層と層の間に働く力には弱くなってしまうのだ。

ダイヤモンドは地下１５０㎞よりも深いマントルの中で、高温、高圧環境の下でつくられる。宝石

としてのダイヤモンドは透明で輝いている印象が強いが、原石は、透明なものもあれば、半透明や不透明なものもあり、様々だ。色も無色から黒まで幅広く存在する。

天ぷら油が火をふいたらマヨネーズで消えるってホント？

昔から、「地震、雷、火事、おやじ」と、数多くの自然現象と並んで怖いものとされてきた火事。火事が起きると、家財道具や資産がすべて灰になってしまうだけでなく、下手をすれば近隣の住居にまで被害が及んでしまう。日常のちょっとした不注意から火事につながってしまうので、気をつけなければならない。

火事の原因の中でも上位に挙げられるのが天ぷら油による火災だ。来客や電話などでコンロに火をつけたまま目を離すことで発火してしまうことが多い。このようなとき、慌てて水をかけてしまうとさらに火が燃え広がってしまうので、注意が必要だ。火が出るほど熱せられた油は300度以上の高温になっている。このような状態のところに水をかけてしまうと、瞬間的に水が蒸発して、周囲に高温の油をまき散らしてしまう。

天ぷら油で火災が起きた場合、マヨネーズを容器ごと入れると火が消えるといわれているが、それは条件がいい場合に限られる。油の温度が十分に下がれば火が消えていく。マヨネーズを入れて十分に温度が下がり、なおかつ鍋などから油があふれ出さない場合は、火が消えることもある。

しかし、**マヨネーズの主成分はサラダ油なので、十分に温度が下がらない場合は、まさに火に油を注ぐことになり、被害を拡大してしまうことになる**。天ぷら油で火災になった場合は、火が止められるようであれば火を止めて、消火器で消火するのが一番確実だ。

粉末消火器は油を冷却しないので、薬剤を放射した後に火を止めて、鍋などにふたをして空気を遮断しないと再び炎が上がる可能性がある。天ぷら油火災には、強化液消火器が有効なので、キッチンに備えておくのもいいだろう。家が狭くて大きな消火器を置くことができない場合は、天ぷら油火災用の簡易消火器を手の届くところに備えておくと安心だ。

カニをゆでるとなぜ赤くなる？

カニやエビの絵を描くとき、私たちはほぼ自動的に真っ赤な色で塗ってしまう。でも、生きているカニやエビは真っ赤ではない。茶色っぽかったり、黒っぽかったりしている。なぜ、私たちはカニやエビが真っ赤だと思いこんでいるのだろうか。

その理由は単純で、私たちがカニやエビを目にするのは、ほとんどの場合、調理が終わって食べる段階になってからだ。そのとき、カニやエビの殻は真っ赤になり、身も赤みを帯びている。私たちはその色をよく見ているので、カニやエビは赤いと思ってしまうというわけだ。

カニやエビをゆでると赤くなってしまうのは、アスタキサンチンという色素の働きが関係している。アスタキサンチンはもともと赤い色の色素であるが、タンパク質とくっついているときは、黒っぽい青灰色を示す。

カニやエビが生きているときは、アスタキサンチンがタンパク質とくっついているので、殻などが茶色や黒っぽい色をしているが、ゆでられるとアスタキサンチンがタンパク質から離れるので赤い色になる。

ちなみに、きれいなピンク色をしているフラミンゴは、生まれたときは白い色をしている。野生のフラミンゴはエサとなる藻に含まれている色素からアスタキサンチンをつくって、きれいなピンク色に

なっていくのだ。

じゃんけんには必勝法があった！

アイドルグループのAKB48は、シングルCDで歌うメンバーを決めるじゃんけん大会を開いている。そこまで大きなイベントではなくとも、何かを決めるときにじゃんけんをすることはよくあると思う。

じゃんけんは、グー、チョキ、パーの3つのものが、お互いに勝つものと負けるものをもっている三すくみの構図をつくり出している。1対1の勝負であれば、どれを出しても、勝つ確率と負ける確率は等しく、3分の1のはずだ。

だが、じゃんけんは人間の間でおこなわれる勝負。それ故に、クセや心理などが作用して、勝率が少し変化してくるという。じゃんけんの手の中で一番出しやすいのはグーだといわれている。グーの手は拳を握るだけでいいので、つくりやすいからだ。試しに、身近な相手に、突然じゃんけんをしてみよう。かなりの確率でグーを出す人が多いはずだ。また、相手があまり乗り気でないときや怒っているときなども、グーを出す確率が高いという。

実際、ある大学の先生がじゃんけんでどの手が出される回数が一番多いのかを調べたところ、グーが多かったという。2番目に多かったのはパーで、一番少なかったのがチョキだった。グーは拳を握るだけ、パーは手を開くだけなのに対し、チョキは形が複雑でとっさにつくりにくいので、出る回数が少なくなるとみられる。

そのため、**何も考えずにじゃんけんをした場合、グーかパーが出てくる可能性が高いのであれば、パーを出せば負ける可能性がかなり低くなる。**もし、パーであいこになった場合は、次の手はパーに負ける手、つまりグーを出せば勝つ確率が高くなるという。人間は無意識に違う手を出そうとするために、同じ手を連続して出しにくい性質があるといわれている。そのため、相手はパー以外のグーかチョキを出そうすることが多くなるので、グーを出すことで勝つ確率を高めることができる。

もっとも、この法則は「最初はグー」をしたときには通用しない。あいこになったときもそうだが、人間は同じ手を2回使うことを無意識のうちに嫌うので、相手はパーかチョキを選択しやすくなる。その場合は、チョキを出すのがいいだろう。

13人集まれば必ず同じ月に生まれた人がいる!

どんな場所であれ、13人の人間が集まれば、必ず同じ月に生まれた人が含まれる。これを当たり前だと感じる人は数学の素養があるかもしれない。1年は12か月なので、すべての人は1月から12月のどれかの月に生まれている。

今、12人の人が集まったとしよう。この人たちが生まれた月を確認したとき、12人が全員同じ月生まれとなる可能性もあるが、2月生まれが2人、4月生まれが3人と重なって、残りの人はそれぞれ別の月に生まれているかもしれない。しかし、誕生月は12通りあるので、12人の誕生月がバラバラになってしまう可能性もある。つまり、12人集まっただけでは必ず同じ月に生まれた人がいるとはいえないのだ。

でも、これが13人になった場合は、どうだろう。**誕生月は12通りしかないので、どんなにばらけても最後の13人目は必ず他の誰かと誕生月が同じになる**。この説明は、当たり前のことをいっているように聞こえるかもしれないが、ハトの巣原理、もしくはディリクレの箱入れ原理とよばれる数学の原理がもとになっている考え方だ。

この原理のキモは、ある人たちをグループに分けるときに、グループの数よりも人数が多くなれば、必ず2人以上となるグループが出てくるということだ。この原理を応用すれば、「日本人が48人以上集まれば、必ず同じ都道府県出身の人がいる」といえることがわかるだろう。

この原理はもともと数学の原理なので、数学の問題を解くこともできる。例えば、「縦3m、横3mの土地に10本の木を植えるとき、すべての木の間隔を1・5m以上離すことができるか」という問題があったとしよう。この場合、皆さんはどのように解くだろうか。

実は、この問題はハトの巣原理を使えば簡単に解くことができる。この土地は、1m×1mの広さの9個の部分に分けることができる。9個の入れ物の中に10個のものを入れないといけないので、当然、どこかの場所に木を2本植える必要がある。

では、1m×1mの広さの土地の中で一番距離を離すにはどうしたらいいか。それはその土地の角の部分に対角線上に配置すればいい。中学校のときに習ったと思うが、このときの対角線の長さは$\sqrt{2}$になる。つまり、1・41421356……となるので、すべての木の間隔を1・5m以上に離して植えることは不可能である。

バナナの皮って本当に滑りやすいの？

お笑い番組のコントやマンガを見ていると、バナナの皮で人が滑るシーンに出くわすことがある。でも、日常生活でバナナの皮で滑る人など見たことがない。バナナの皮が本当に滑りやすいかどうかなんて、わかる人がいるだろうか。

そんなことを考えていたら、バナナの皮が滑りやすいことを証明した人が実際にいた。北里大学医療衛生学部の馬渕清資（まぶちきよし）教授だ。馬渕教授は人工関節の研究をしていて、関節の摩擦が小さいしくみと、バナナの皮が滑りやすいしくみは同じものではないかと考え、自らバナナの皮を踏んで摩擦係数を測定したという。

その結果、**バナナの皮の上は、ふつうの床の上よりも6倍滑りやすいことがわかった。**バナナの皮の内側には粘液が詰まった粒がたくさんついているために、上から踏まれると粒が潰れ、粘液が出て、滑りやすくなるのだという。馬渕教授はこの研究によって、2014年にイグ・ノーベル物理学賞を受賞した。

ちなみに、イグ・ノーベル賞とは「人を笑わせ、そして考えさせる研究」に対して与えられる賞で、過去にドクター中松氏なども受賞している。

涙を流したときの感情によってその味が変わっていた！

悲しいことがあると涙が流れてくる。なぜ、悲しいと人は泣くのだろうか。この疑問にはまだ明確な答えは出ていない。人は悲しかったり、うれしかったりと感情が高ぶったときだけしか涙を流さないと思うかもしれないが、実はそんなことはない。人の目には涙が常に流れ続けている。

そもそも、涙とは、まぶたの裏側にある涙腺から分泌される液体で、目の表面をおおって保護しているものだ。多くの涙は眼球の表面から蒸発するが、蒸発しきれなかったものは鼻の方に流れていく。

涙の大きな役割は、眼球を潤して乾燥を防ぐことだ。だが、それだけでなく、眼球の表面を滑らかにしてものをはっきりととらえるのに役立っていたり、角膜に酸素や栄養を補給する役割もしている。また、ゴミやばい菌が入ってきたときに洗い流したり、殺菌したりする効果もある。

1日に流す涙の量は大人で0・5～1㎖、子どもで1・5㎖ほどと、とても少ない。ふだんは、涙が目からこぼれることはないので、私たちは自分が涙を流していることに気づかず生活をしている。だが、感情が高ぶったりすると、涙の流れる量が多くなり、鼻の方に流すだけでは追いつかなくなるので、目から涙がこぼれてくるというわけだ。

感情による涙は、心身のリラックスを促す副交感神経の働きによって流される。怒りや悔しさによって泣くときは、感情が高まり、興奮状態になることで交感神経が活発に働く。すると、体内では自律神経のバランスを取ろうとして、一時的に副交感神経が優位な状態がつくられ、涙が流れてくる。このとき、**交感神経の働きも高まっているので、体液中のナトリウムの濃度が高まり、涙はふだんよりもしょっぱい味になるという。**

そして、うれしいときや悲しいときは、副交感神経の働きがとても活発になるので、全身の力が抜け、あふれるように涙が流れてくる。このとき、**交感神経はあまり働かないので、ナトリウムの濃度は変化しない。そのため、このときの涙はとても水っぽくなるそうだ。**

折り紙から新技術が生まれる？

子どもの頃によくやった遊びを思い出してみる

と、お絵かき、ベーゴマ、福笑いなど、たくさんのものが浮かんでくる方もいると思う。折り紙もその1つだ。

折り紙は子どもの遊びというイメージが強いが、今、世界中で折り紙の研究が真剣におこなわれているという。

折り紙は1枚の紙から立体的な形をつくったり、その形を変えることが簡単にできる。そのため、人工衛星、医療用具、ロボットなどと、様々なものへの応用が検討されている。

実際に、**人工衛星には、搭載した太陽電池をしっかり開くことができるように、三浦公亮さんが考案したミウラ折りが採用されている。**ミウラ折りは大きな地図の折りたたみなどにも応用されている。

他にも、動脈硬化などで狭くなった血管を広げるために、なまこ折りを応用したステントが開発されたり、折り紙を使って建築物をつくろうという研究も進められている。

もともとは柔らかい土なのになぜ硬いお皿ができるの？

ふだん使っているお皿や茶わんなどは、陶器でできているものが多い。陶器というのは、粘土などを水で練って、形づくったものである。粘土はもとを正せば土である。柔らかい土から、なぜ硬い陶器をつくることができるのだろうか。

陶器をつくる粘土は、1000分の1㎜ほどの小さな粒子でできている。そこに、陶器をつくりやすいように、ある程度大きな粒をもった長石や珪石などの成分を配合していく。この後、かたちをつくり、高温で焼いてから冷ますことで、それぞれの粒子が強く結びつき、硬くなるのだ。

粘土は陶器全体のかたちをつくる役割をしているが、高温で焼くと縮んでひび割れなどを起こしてしまう。**珪石はそのようなひび割れを起こすのを防ぎ、人間の骨のように陶器を強くしている。また、長石は高温になると珪石を溶かして接着剤のような働きをする。**

陶器をつくるときは、600~900度くらいで焼いていく素焼きと、1150~1250度まで上げる本焼きの2回に分けて焼かれることが多い。本焼きのときは釉薬をかけて、色をつけたり、さらに陶器を強くしたりしている。

陶器は食器などに使われることが多いが、電気や水を通さず、熱に強いことから、便器、洗面台、瓦、電線に取りつける碍子(がいし)などにも利用されてい

る。

宇宙飛行士も紙おむつを使っていた！

子育てには今や当たり前となった紙おむつ。最近では、高齢者の介護にも使われているし、宇宙飛行士がロケットで宇宙に向かうときや船外活動をするときなどでも利用されている。

タオルくらいの薄さしかないのにも関わらず、紙おむつはおしっこをたくさん吸収する。その秘密は、おむつの中に使われている粉砕パルプと高分子吸収ポリマーにある。粉砕パルプは紙の原料となる木材パルプを粉々にして綿状にしたもので、水分の吸収がとても速い。

そして、高分子吸収ポリマーは立体的な網目構造をしている化合物だ。網目構造によって水分を蓄えられるようになっているだけでなく、水分を吸収したらポリマーからナトリウムイオンが放出され、おむつの中に蓄えられた水分の濃度が、まだおむつに吸収されていない水分よりも高くなるように設計されている。そのため、浸透圧によってポリマーの外側から内側に向かって水分を積極的に取りこむようになっている。

高分子吸収ポリマーは自身の重さの50倍くらい

のおしっこを吸収するようになっている。高分子吸水ポリマーは、おむつに使われるだけでなく、保冷剤、消臭剤、結露防止シート、土壌の保水材など、様々な場所に使われている。

似たように見えて実はペットボトルにはいろいろな種類があった！

軽くて丈夫なペットボトルは、びんや缶の代わりに様々な飲み物の容器として使われている。最近では、ジュースや清涼飲料水だけでなく、日本酒やワインもペットボトルに入れられて販売されるようになってきた。

ペットボトルのペット（PET）とはポリエチレンテレフタレートの略で、これは材料となるプラスチックの名前を指している。PETは無色透明、軽くて割れにくいという飲み物などの容器にはもってこいの特徴を兼ね備えているプラスチックだ。

ペットボトルはどれも同じように見えるが、中に入っている飲み物によって形や強度が少しずつ違う。

例えば、**炭酸飲料を入れる場合は、炭酸ガスの圧力に耐えられるように、丸みを帯びた円筒形をした、厚くて固めの耐圧用ボトルが使われる**。このボ

トルは、口の部分が透明になっていて、底は花びらのような形をしている。底の部分の花びらのような構造はペタロイドとよばれ、ガス圧に耐えられるように半球を組みあわせた形になっている。

この他にも、飲み物を充填するときに高温でも耐えられるような耐熱用ボトル、殺菌した後にクリーンルームの中で充填される無菌充填用ボトルなどがある。

石けんでなぜ油が落ちる？

食器、衣類、自分の体など、私たちは毎日いろいろなものを洗う。そのときに使うのが石けんや洗剤だ。

ものを洗うということは、水に汚れを溶かし込むことで、汚れを取り除いていく行為だ。水に溶けやすいものは水の中でもんだりすればなくなっていくが、水に溶けにくい油汚れはそのまま残ってしまう。水と油はタイプがまったく違うので、溶けあうことがないからだ。こういうときに、石けんや洗剤が威力を発揮する。

石けんや洗剤に使われているのは界面活性剤とよばれる物質で、水になじみやすい親水基と油になじみやすい親油基の2つのパーツがくっついたもの

だ。油汚れがある場合は、まず、**界面活性剤の親油基が汚れにくっついていく。すると、油汚れの外側を親水基が取り囲む形ができ、水に溶けやすくなる。**ふだんは混ざり合わない水と油も、界面活性剤の石けんや洗剤が入りこむことで、油が水に溶けやすくなり、油汚れが落ちるようになるのだ。

著者プロフィール

荒舩良孝（あらふね　よしたか）

科学ライター。主に科学分野で、最先端の研究からベーシックなテーマまで、さまざまな話題の解説、インタビュー、調査報告、ルポルタージュ、技術動向、データ分析をおこない、書籍や雑誌記事などの企画、構成、執筆を手がける。宇宙論からニホンオオカミにいたるまで、理工系分野全般への幅広い知識には定評がある。むずかしい話題をわかりやすく伝えることを得意とし、一般向けの科学解説や、保育士の資格を活かした子ども向けの記事にも多数携わる。主な著書は『5つの謎からわかる宇宙（平凡社）』など。

イラスト：YOUCHAN
校正：くすのき舎
ブックデザイン：白畠かおり

※本書は、小社刊『思わず人に話したくなる地球まるごとふしぎ雑学』（2014年発行）から抜粋し、再編集したものです。

誰かに話したくなる！
地球のふしぎ大全

2019年5月20日第1刷発行

著　者　荒舩良孝
発行者　永岡純一
発行所　株式会社永岡書店
〒176-8518　東京都練馬区豊玉上1-7-14
代表　03-3992-5155　編集　03-3992-7191
DTP　センターメディア
印刷　精文堂印刷
製本　若林製本工場

ISBN978-4-522-43734-6 C0040

参考文献

『小さな疑問から大きな発見へ！　知的世界が広がる世の中のふしぎ400』藤嶋昭監修／ナツメ社
『3Dプリンター導入&制作 完全活用ガイド』原雄司著／技術評論社
『地球・生命の大進化』田近英一監修／新星出版社
『大人でも答えられない！　宇宙のしつもん』荒舩良孝著／すばる舎
『宇宙がわかる本』荒舩良孝著／宝島社
『Dr.長沼の眠れないほど面白い科学のはなし』長沼毅著／中経出版
『ペンギンが教えてくれた物理のはなし』渡辺佑基著／河出書房新社
『昆虫はすごい』丸山宗利著／光文社
『もっと！科学の宝箱』TBSラジオ編／講談社
『なるほどなっとく！おいしい料理には科学がある大事典』宝島社
『ドラえもん科学ワールド　宇宙の不思議』小学館ドラえもんルーム編／小学館
『教えて！科学本』斉藤勝司・粥川準二・荒舩良孝・宇津木聡史著／洋泉社
『数字で読み解くからだの不思議』竹内修二監修・エディット編／講談社
『脳のしくみがわかる本』寺沢宏次監修／成美堂出版
『毒・食虫・不思議な植物』奥井真司著／データハウス
『増補改訂 植物の生態図鑑』多田多恵子・田中肇監修／学研プラス
『最新！宇宙探検ビジュアルブック』阪本成一監修著／主婦と生活社
『ニュートン 2014年6月号』
『ニュートン 2014年9月号』
『ニュートン 2014年11月号』
『ニュートン 2014年12月号』